U0384501

— 46亿岁的地球 —

生物多样的古生代

冯伟民 / 著

ARCTIME
时代出版
时代出版传媒股份有限公司
安徽少年儿童出版社

图书在版编目（CIP）数据

46亿岁的地球. 生物多样的古生代 / 冯伟民著. —
合肥：安徽少年儿童出版社，2024.1（2024.6 重印）
ISBN 978-7-5707-1735-4

Ⅰ.①4… Ⅱ.①冯… Ⅲ.①地球科学 – 少儿读物②
古生物 – 少儿读物 Ⅳ.①P-49②Q91-49

中国国家版本馆CIP数据核字（2023）第187973号

46 YI SUI DE DIQIU SHENGWU DUOYANG DE GUSHENGDAI
46亿岁的地球·生物多样的古生代　　　　　　　　　　　　　　冯伟民 / 著

出 版 人：李玲玲	策划编辑：方　军	责任编辑：方　军
插图绘制：汤二嬷	责任校对：徐庆华	责任印制：朱一之

出版发行：安徽少年儿童出版社　　E-mail：ahse1984@163.com

新浪官方微博：http://weibo.com/ahsecbs

（安徽省合肥市翡翠路1118号出版传媒广场　　邮政编码：230071）

出版部电话：（0551）63533536（办公室）　　63533533（传真）

（如发现印装质量问题，影响阅读，请与本社出版部联系调换）

印　　制：安徽新华印刷股份有限公司

开　　本：710 mm × 1000 mm　　　1/16　　　印张：7.75　　字数：85千字

版　　次：2024年1月第1版　　　　　　　　　2024年6月第2次印刷

ISBN 978-7-5707-1735-4　　　　　　　　　　　　定价：30.00元

目录

3 奥陶纪的繁盛与悲歌

1 辉煌的寒武纪

到了寒武纪,生物演化进入"快车道"。一场史无前例的生物大爆发,一举奠定了显生宙(5.41亿年前至现在)生物演化的格局。当今地球生物的门类祖先几乎都在寒武纪早期涌现出来。

<<<<<

寒武纪生物群

>>>>>

5.41 亿年前，地球进入寒武纪。此时，大气含氧量在第二次大氧化事件后持续升高，大约达到现在大气含氧量的 60%。大陆板块在经历罗迪尼亚超级大陆分崩离析后，又呈现出聚合的趋势。海洋中先出现了具有硬壳的小壳动物，紧接着又爆发式地涌现出现代生物的门类祖先，即科学界所说的"寒武纪生命大爆发"。

100 多年来，寒武纪生物群在世界各地接连被发现，如加拿大布尔吉斯页岩生物群、中国云南澄江生物群、贵州凯里生物群、湖北清江生物群、山东临沂生物群等。这些重要的生物群普遍含有丰富的软躯体化石，比较全面地反映了寒武纪海洋的生物面貌，为揭示寒武纪生命大爆发提供了重要的化石依据。

▶布尔吉斯页岩生物群

1909 年 8 月，美国著名古生物学家维尔卡特一家到加拿大不列颠哥伦比亚省的布尔吉斯山旅行。在休假返

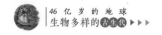

回的山路上，维尔卡特夫人骑的马被一块石头绊倒。当维尔卡特捡起这块石头查看时，惊奇地发现这是他从未见过的保存有软体组织的动物化石。

这块动物化石保存有许多重要的细节，如从头部伸出两对触角、身体分为多节。维尔卡特经过研究后，用他一位朋友的名字将这块化石上的动物命名为"马尔三叶形虫"。第二年春天，维尔卡特带着他的儿子专程回到发现化石的地方，开始大规模发掘。这一次除发现具有壳的三叶虫和海绵动物化石外，还发现了100多种保存得十分完整的无脊椎动物化石。其中有的是像水母、海葵那样的刺胞动物，有的像环节动物，还有的是像海参那样的棘皮动物。

维尔卡特仔细研究后发现，节肢动物是这个生物群中的优势种群。同时，他还发现，那些海绵动物、蠕虫动物、腕足动物、棘皮动物，甚至脊索动物都保存有软体组织的特征，而且这些生物大多数是生活在较深的水体中。维尔卡特随后将这个生物群命名为"布尔吉斯页岩生物群"。迄今为止，布尔吉斯页岩生物群中

小词典

优势种群

优势种群是指一个生物群落中占有绝对优势地位的种群。

维尔卡特在查看化石

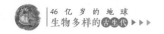

已经发现了约 140 种动物。

在布尔吉斯山细纹状的页岩中发现的大量软体生物都保存有黑色有机质膜，软体部分如肌肉和矿化程度较低的骨骼细节都被很好地保留了。对于软体组织保存下来的原因一般认为是地震、风暴或重力触发形成了浊流，浊流携带的微细颗粒快速将生物埋藏，所造成的缺氧环境导致食腐生物活动减弱，对生物尸体的破坏也较弱，从而使得生物软体组织得以保存下来。随后经历了亿万年的成岩过程，如今它们才得以展现在人类面前。

其实在最初，有人认为是黏土在生物软体表面附着，从而使软体得以保存，但科学家通过实验发现，黏土的颗粒太大，几乎不可能均匀附着到生物软体表面并使其结构长期保存。

布尔吉斯页岩生物群的发现给当时的科学界造成了极大震撼。这个生物群使科学家第一次清楚地认识到，在寒武纪海洋中具有骨骼的动物仅仅占一部分，更多的是不易保存为化石的软体动物。它纠正了人们认为寒武纪是三叶虫的时代，仅存有三叶虫等少数硬体动物的错误认知。

更重要的是，布尔吉斯页岩生物群记录了 5.15 亿年前寒武纪中期无脊椎动物的惊人面貌，被科学界视为寒武纪生命演化的重要依据，为破解寒武纪生命大爆发之谜提供了重要线索，揭开了寒武纪生命大爆发研究的序幕。

布尔吉斯页岩生物群生态复原图

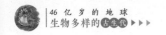

1981 年，布尔吉斯页岩生物群被联合国教科文组织列入《世界自然遗产名录》，成为全世界古生物学者关注的圣地。

1990 年，美国古生物学家、演化生物学家史蒂芬·杰·古尔德出版了《奇妙的生命：布尔吉斯页岩中的生命故事》一书，将布尔吉斯页岩生物群推向了世界，让世人看到了寒武纪时代生物的辉煌面貌。

▶ 澄江生物群

1985 年，中国科学院南京地质古生物研究所的助理研究员侯先光在云南抚仙湖旁的帽天山做野外考察工作，他当时想寻找的是高肌虫之类的化石。这一地区的野外考察工作在 20 世纪早期就有研究人员做过，也曾发现过一些化石。从 20 世纪初到 20 世纪 80 年代，先后来这一地区考察的研究人员一批又一批，但或许是以往的野外工作没有做得那么细致，以至始终没有重大突破。

然而，幸运降临到了侯先光身上。一天，他无意中敲打开了一块纳罗虫化石，栩栩如生的形态令他欣喜若狂。紧接着，他又发现了鳃虾虫和尖峰虫化石。在之后的几天里，侯先光还发现了节肢动物、水母、蠕虫等许多同时期的生物化石。这些化石有一些与加拿大布尔吉斯页岩生物群中发现的化石非常相似，但澄江生物群所处的时代要比布尔吉斯页岩生物群早整整一千万年，在生物演化的起源探究上意义更为重要。

在中国云南发现澄江生物群的消息轰动了世界，澄江生物群也被国际媒体赞誉为"二十世纪惊人的发现之一"。澄江生物群的发现掀起了寒武纪生命大爆发的研究高潮。自那以后，国内外诸多学者纷纷来到云南澄江进行考察和研究。到目前为止，全世界已经发现了超过50个同时代的化石点。

如今，我国组建了以中国科学院南京地质古生物研究所、西北大学和云南大学为主的多支研究团队，在系统分类学、生态学、演化生物学等方面开展了系统研究，取得了大量成果。这些研究成果多次登上《自然》《科学》等刊物。云南澄江化石产地也在2012年7月1日被正式列入《世界遗产名录》，成为中国第一个化石地世界遗产。

科学家通过研究发现，澄江生物群拥有丰富的物种，包括22个生物门类，近300个种类，其中有植物界的藻类，无脊椎动物中的海绵动物、刺胞动物、软体动物、栉水母动物、叶足动物、节肢动物和脊椎动物中的原始无颌鱼等，而节肢动物、海绵动物、刺胞动物等都是该生物群中的优势类群。

尤为难得的是，澄江生物群中的化石不仅保存了生物外壳和矿化的骨骼，还保存了生物的软体器官和组织构造，

澄江生物群生态复原图

如动物的口、胃、肠等进食和消化器官，动物的肌肉、神经和腺体等体内组织。这些生物软体器官和组织构造为研究寒武纪早期海洋生物的祖先型生物的原始特征（如形态结构、生活方式、生态环境、营养结构等）提供了极好的材料，也为化石生物的完整复原和系统分类提供了可靠依据。

澄江生物群保存有如此精美的化石，可能与特异埋藏环境有关。科学家对保存化石的岩层进行分析，发现澄江动物群形成于台地内浅水盆地环境，化石的埋藏受到风暴引起的快速泥质沉积事件的影响。

我国澄江生物群中发现的化石与加拿大布尔吉斯页岩生物群中发现的化石相比，保存得更好，化石保真度更高，而且发现的物种更丰富。更重要的是，澄江生物群出现的年代更早，因而更有演化意义，是寒武纪生命大爆发高潮阶段的代表。

小 词 典

台地

台地是平原向丘陵、低山过渡的一种地貌形态，其四周有陡崖，顶面基本平坦。

▶ 清江生物群

我国西北大学的科学家对澄江生物群的研究颇有建树，长期以来在全国各地的寒武纪地

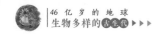

层中寻找化石。2007年夏季，该校地质系教授张兴亮带领一支科学考察团队来到湖北宜昌进行野外勘察，寻找可能含有寒武纪早期生物化石的泥质页岩。

　　起初十来天，考察团队几乎没有收获，直到一天黄昏，一条河的岸边一些似乎"不同寻常"的泥质页岩引起了考察队员的注意。在他们的勘察和挖掘下，不到半个小时，张兴亮教授就发现了一块林乔利虫化石。这一发现令考察队员们欣喜若狂，他们不顾天色已晚，在这里展开了进一步的勘察。

　　在接下来的数年中，他们在该地区又进行了多次野外勘察，一块又一块珍稀的化石相继被挖掘出来。透过这一块块化石，研究人员意识到，他们很可能打开了一座前所未有的、全新的寒武纪生物宝库。因为该化石群位于湖北清江与丹江交汇处，于是被命名为"清江生物群"。

　　如今，研究人员在清江生物群中一共发现了4351件标本，其中包括一些极其罕见的动物种类和首次面世的新物种。研究人员通过鉴定和分类，将这些动物分为109个属。

　　令人兴奋的是，新发现的属种占据了总量的53%，无论是新属种比例还是物种多样性比例，都远超现今发现的其他地点的同类型化石库。这些生物有的像水母，有的像海虾，有的像蠕虫；而那些形态奇异的新物种，它们有的像西瓜，有的像花朵，有的甚至连触角和腹部的纹理都清

清江生物群生态复原图

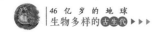
晰可见，栩栩如生。

清江生物群与之前发现的生物群有着不同的生态环境，因而产生了一些独特的生物群落。后续的大规模发掘，也将为发现和探索更为奇特的新动物门类提供第一手材料。

清江生物群中的化石在数量和种类上超过了之前发现的其他化石群，各类化石尤其是软体类化石保存的完整程度也令人惊叹。比起遭受变质作用的布尔吉斯页岩生物群以及遭受风化作用的澄江生物群，清江生物群中的化石的原始状态得到了更充分地保留。这些化石主要以原生碳质薄膜形式保存，未经明显的成岩作用和风化作用改造。因此，相对于目前全球两个保真度最高的布尔吉斯页岩型化石库——布尔吉斯页岩生物群和澄江生物群——它们在埋藏之后分别经历了高温变质作用和风化作用等严重的地质作用，其样本已无法用于深入开展埋藏学研究；而清江生物群中的样本则适合用于开展化石埋藏机制的研究，更有可能搞清楚是怎样特殊的埋藏机制才使得布尔吉斯页岩型化石库能够保存软体组织结构。

▶ 临沂生物群

近四十年来，我国先后发现了澄江生物群、凯里生物群、清江生物群、范店生物群等各类生物群，为研究寒武纪生命大爆发提供了大量详实的证据，我国也因此走在了寒武纪生命大爆发研究的前沿。

然而，有一个问题一直困扰着科学界——在华南板块和劳伦大陆以外的其他大陆，是否也能发现寒武纪的生物群？寒武纪时期，地球大陆主要分布在南半球，与现代大陆主要分布在北半球的格局完全不同。那时，我国的华北板块与长江流域的扬子地台和华南地区的华南褶皱区处于分离状态。华北板块作为中国传统"中寒武统"的标准地区，寒武纪中期地层序列完整、化石丰富，是寻找该时期特异埋藏化石库的潜在产地。

中国科学院南京地质古生物研究所的赵方臣等研究人员长期在野外工作，他们注意到山东省有连续的寒武纪地层剖面。他们随后在临沂市西郊进行了大量野外工作，挖掘出数量众多的化石，后通过研究，他们将在该地区发现的化石群命名为"临沂生物群"。临沂生物群所处的时代距今约 5.04 亿年，稍晚于加拿大布尔吉斯页岩生物群。

2022 年以来，研究人员在临沂生物群中采集了数千块精美的化石，发现了超过 35 个化

小词典
劳伦大陆

劳伦大陆又称北方大陆，是根据板块构造理论推断出来的曾经位于北半球的古大陆。

临沂生物群生态复原图

石类群。其中，多样性最高的类群是非三叶虫的节肢动物，以奇虾类和莫里森虫类最为引人注目。除节肢动物以外，多样化的海绵动物和蠕虫状动物也十分引人关注。显然，临沂生物群极大地丰富了这一时期海洋生物与群落的多样性面貌。

此前，科学家在华北地区也采集过大量寒武纪的化石，但大多数都是保存在硬质的碳酸岩中，化石多为三叶虫的骨片，而在泥岩中鲜有采集到化石。此次临沂生物群中发现的化石是保存在泥岩中，这无疑是一次新的突破。与其他经典的布尔吉斯页岩型特异埋藏化石库类似，临沂生物群中大部分软躯体化石多以碳膜的形式保存。尤其珍贵的是，这些软躯体化石保存了精细的解剖结构，如附肢、眼睛、消化系统和刚毛等，这为进一步了解这些生物的解剖结构提供了重要证据。

华北板块在寒武纪是一个独立的大陆，具有独特的构造演化历史。当时华北板块中临沂所在的位置，大概位于华南板块和加拿大中间，是茫茫大洋中的一座孤岛，而华南板块还在几千千米之外。因此，在华北板块发现的临沂生

小词典

刚毛

刚毛是人或动物体上长的硬毛，如人的鼻毛、蚯蚓表皮上的细毛。

物群，也为研究寒武纪中期的生物地理特征提供了独特的视角。

如果说澄江生物群代表了寒武纪生命大爆发的高峰期，那么临沂生物群则延续了寒武纪生命大爆发的辉煌，展现了生命演化的连续性，同时也为后来史上最大的奥陶纪生物大辐射起到了承前启后的作用。

2 生命大爆发

　　20世纪初，布尔吉斯页岩生物群的发现让人们知晓寒武纪的生物面貌。随着寒武纪生物群在中国不断被发现，现在人们对寒武纪的生物面貌有了全面了解，一幅宏伟的寒武纪生物面貌图正栩栩如生地展现在世人面前。

<<<<<

门类生物全面兴起

>>>>>

　　寒武纪生命大爆发的精彩之处莫过于涌现出一大批新物种。这些代表现代动物祖先的原始物种类型多样，几乎包含了绝大多数的与现代动物有着亲缘关系的祖先类型。这其中不仅包括海绵动物、刺胞动物、栉水母动物等基础动物；还有腕足动物、软体动物、环节动物、有爪动物、节肢动物等原口动物及棘皮动物、头索动物、尾索动物和脊椎动物这些后口动物；此外，科学家还发现了一些鲜为人知的难以归入已知动物门类的类群。因此，相对于寂静的前寒武纪生命世界，寒武纪的海洋动物世界显得生机盎然，多姿多彩，生物界从此走上了通向现代生物的演化之路。

　　长期以来，苔藓动物被认为是奥陶纪才出现的动物，是奥陶纪生物大辐射的产物。不过这一认知如今已经改变。2021年，我国西北大学早期生命研究所的科学家在陕西省汉中市镇巴县小洋镇发现了最原始的苔藓动物化石。这一重要发现弥补了寒武纪生物大家庭的缺憾，引起了科学

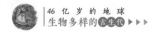

科学课堂

什么是基础动物、原口动物和后口动物？

基础动物是指在动物界中位置较为原始、进化较早的一类动物。它们通常具有简单的组织结构和功能，缺乏一些复杂的特征。基础动物虽然在形态和生理上相对简单，但它们对整个生态系统和生物多样性有着重要作用。

原口动物是动物界的一个主要演化支。原口动物的胚胎发育过程中，第一个出现的开口通常成为动物的口；此外，许多原口动物具有扁平的体形，使得它们能够更好地适应所处的环境。原口动物在地球上分布广泛，占据了许多不同的生态位。

后口动物与原口动物一起构成了动物界的两个主要演化分支。在胚胎发育过程中，后口动物第一个出现的开口是肛门，而口的形成是在后期，与原口动物的胚胎发育顺序相反。后口动物群体非常庞大，包括许多不同的物种和形态类型。脊椎动物是后口动物中最知名的群体，包括鱼类、两栖类、爬行类、鸟类和哺乳类等。

界极大关注，使人们更加惊叹于寒武纪的生命大爆发，进一步证实了寒武纪几乎涌现出所有现生动物门类的祖先。

寒武纪的生物界一改之前动物不具备硬壳的面貌，

此时的动物普遍具有各种各样的硬壳。对于节肢动物而言，各种变化的硬壳使其多样性达到了极致，节肢动物也因此成为寒武纪多样性最高和数量最丰富的动物类群。

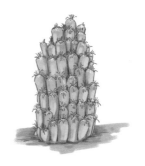

苔藓动物

<<<<<

明星动物

>>>>>

从寒武纪开始，两侧对称动物成了生物界最主要的动物类型。此时的生物界不仅有两侧对称的节肢动物、软体动物、腕足动物等，还有令人瞩目的原始无颌鱼类，如昆明鱼、钟健鱼和海口鱼。

▶ 昆明鱼

昆明鱼体长约 2.8 厘米，表皮无骨骼和鳞片，身体呈纺锤形，可分为头和躯干两部分。昆明鱼只有口，没有颌，但是已经具备了 6 个重要器官——鳃裂、脊索、肌节、肛后尾、头脑眼和脊椎骨。昆明鱼属于典型的脊椎动物，游泳速度不快，靠左右扭动身体游弋。

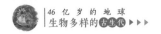

▶奇虾

奇虾是寒武纪海洋中的巨无霸，体形巨大，身体形态奇特。奇虾的身体由非骨骼化的软躯体构成，具有大而精细的复眼、特

奇虾

化的捕食前附肢和用于游泳的桨状的肢。奇虾不善于行走，但游泳速度快，展现了对捕食行为的高度适应。

奇虾体长最长可达 2 米，而当时其他动物的体长大多只有几毫米到几厘米，加上拥有坚硬的外壳，奇虾堪称当之无愧的海洋之王，是显生宙海洋生态系统中最早的顶级捕食者，也是寒武纪生命大爆发具有代表性的明星动物之一。

▶麒麟虾

麒麟虾身体有20多节，每一节都有一对用于游泳的桨状的附肢以及一对用于行走的腿肢。麒麟

麒麟虾

虾头部最前方有 5 只眼睛，这 5 只眼睛排成两排，前面一排是一双较大的眼睛，另外 3 只眼睛排在后面。麒麟虾的这 5 只眼睛能帮助它捕捉周围的信息，头部的下方还有一对像爪子一样长满了小刺的附肢，所以科学家推测它应该是一个捕食者。此外，麒麟虾有这么多用于游泳的附肢，说明它游得很快。

▶ 微网虫

微网虫属于叶足动物，体长可达 8 厘米，体表覆盖有鳞片状骨骼。微网虫身体两侧具有网状骨片，每个网眼中有一个圆管构造，其形态类似于

微网虫

节肢动物复眼的每一个单眼，可能起到视物的作用。微网虫的头非常特别，为细长状，身上具有 9 对矿化的骨片和 10 对足，其中，骨片起到连接腿和关节的作用。

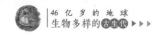

<<<<<

新器官大行其道

>>>>>

　　寒武纪的动物界出现了一大批新的动物器官，如眼睛、外骨骼、口器、附肢、鳃腔、脊索、头等。它们与视觉系统、摄食系统、消化系统、神经系统、运动系统等一系列动物功能系统相关联，使得动物能够适应新环境，拓展新天地。寒武纪动物生活的空间也因此变得更加宽广，占据了海洋不同的生态位置。

　　众多新器官的出现，让寒武纪的动物界呈现出前所未有的辉煌景象，真正开启了通向现代生物的演化征程。

▶ 眼睛

　　眼睛是动物重要的感觉器官，是动物进化史上的重要创新，对于动物的捕食、运动和感知都有非凡的意义。在已发现的澄江生物群中，90% 以上具有眼睛的动物都是节肢动物，它们是寒武纪海洋中的优势类群，占整个生物群的 40% 以上，大多都是主动的捕食者。

　　复眼是当时最常见的眼睛类型，其生长方式包括固

着的和眼柄能活动的两种形式。眼柄能活动的复眼具有较厚的核状透镜，透镜表面凸起相当明显，有着更大的表面积，这表

灰姑娘虫

明其具有相对宽阔的视野。例如，灰姑娘虫拥有已知最早的复眼。在高倍显微镜下，我们可以看到灰姑娘虫的复眼由 2000 多个小眼组成，具有由相对大的小眼组成的敏锐带。这揭示了寒武纪早期的节肢动物已经拥有高度发达的视力。此外，在澳大利亚发现的部分三叶虫，其复眼由 15000 多个小眼组成，这说明其拥有更发达的视力，可以看清更远的地方。

▶ 外骨骼

寒武纪节肢动物丰富的多样性与其具有分节的外骨骼有极大关系。分节外骨骼的出现是节肢动物演化的起点，为节肢动物的多样化开启了重要的窗口。

节肢动物外骨骼的主要组成部分——几丁质的原角质层具有高度的可塑性，这为节肢动

几丁质

几丁质是一种含氮的多糖类化合物。是某些原生动物细胞外的壳，也是节肢动物体表外骨骼的主要成分。

物塑造体形，以及行为和功能的多样化提供了很大的发展空间，而且还能推动相关感觉器官和神经系统的演化。外骨骼虽然限制了节肢动物的生长，使其在生长过程中必须不断地蜕去外壳，但它也为节肢动物个体发育过程中的多态性提供了可能，从而增强了动物形态变化的潜力。

此外，节肢动物通过原角质层局部变薄或降低硬度的方式，可以将连续的外骨骼分为若干小骨片，而连接这些小骨片的关节膜具有变形功能。因此，节肢动物模块化的外骨骼便像我们玩的拼插积木，外骨骼是积木，骨片之间的关节膜是积木间的连接件。通过用"外骨骼搭积木"的方式，节肢动物实现了形态的变化。这种非凡的进化潜能，极大地提高了它们的运动能力和适应能力。

▶ 口器

奇虾是寒武纪海洋中的巨无霸，它不仅拥有由多达14个肢节组成的一对捕食器，还拥有一个大型口器。奇虾口器的直径最大可达25厘米，外缘是环形排列的外齿，口咽部有多达8排按同样方式排列的内齿，内齿由外向内逐渐变小。在吞食时，外齿的自由端先是远离口部，让口部开启；当猎物到达口部时，自由端返回原位使口部紧闭，同时将猎物紧紧卡住并送往口内。位于口咽部的环形内齿也以同样的方式，将猎物向口咽部深处传送。在将猎物向口咽部深处逐级传送的过程中，外齿和内齿分别对猎物进行由粗放到精细的肢解。

在奇虾粪球化石中，科学家发现了被肢解的三叶虫外骨骼碎片，表明奇虾可能具备了强大的肢解能力。但近年来，澳大利亚的科学家通过 3D 数学建模，提出奇虾可能以身体柔软的动物为食，因为他们发现奇虾的口器不足以咬碎三叶虫的壳。

▶ 脊索

海口虫、云南虫等鱼形动物是澄江生物群中非常重要的发现，因为它们身体中有一条长长的脊索。脊索与真正的脊椎有所不同，未骨化，属于原脊椎。脊索的出现，不仅为中枢神经提供了保护，而且为脊椎动物巨型化和其活动能力的提升拓展了新的演化空间。从脊索出现起，动物界便开启了脊梁骨的演化之路，促使古生代鱼类、两栖类、中生代爬行类及新生代哺乳类的诞生和繁盛。

▶ 鳃腔

鳃腔是脊椎动物特别是鱼形动物的重要器官。鳃腔由数量较少的鳃弓所支撑，一般不超过 9 对，鳃弓之间被宽大的鳃裂隔开。

海口虫具有与脊椎动物相似的鳃腔，但缺乏颚弓，

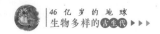

仍是滤食性进食。海口虫的每一对鳃弓约由 25 个盘状横耙（bà）组成，每个横耙具有一堆片状分支，长 1 毫米以上。宽大的鳃裂表明海口虫可能通过肌肉收缩从口部吸入水流，然后从鳃裂排出水流。这也反映了海口虫已从消极滤食演化为积极滤食。

鳃腔具有过滤食物、排泄废水等功能，动物因此能够充分利用氧气来强化身体机能。鳃腔的出现是动物新陈代谢史上的重要事件。

<<<<<

海洋生态立体拓展

>>>>>

寒武纪，动物的生态空间得到了进一步拓展。动物的生活方式越来越多样，出现了底栖爬行、底栖固着、底栖钻埋等生活方式不同的动物。此外，动物的活动空间也扩大到水中，出现了游泳、漂浮等不同生活类型的动物。它们共同构建了寒武纪海洋生物多层次的生态分布，形成了现代海洋生态分布的雏形。

在澄江生物群中，科学家已经发现了 23 个生态功能群，它们占据着海洋不同的生态水域。动物生活空间的极大拓展，必然丰富了动物的食物来源，导致动物取食方式

寒武纪海洋生态复原图

开始多样化，分别演化出捕食、食腐、滤食、食沉积物和杂食等不同的取食方式。

寒武纪已经形成了多级营养复杂的食物链。初级生产者由底栖藻类、碎屑、光合浮游生物和细菌浮游生物组成；初级消费者包括软舌螺、脊索动物、海绵动物、腕足动物等；捕食者包括叶足动物、刺胞动物、三叶虫等，顶级捕食者或消费者毫无疑问是奇虾。

科学课堂

生产者、消费者及食物链

生产者指生态系统中能通过光合作用制造有机物的绿色植物、藻类和一些光能自养及异养微生物。

消费者指生态系统食物链上的异养有机体（主要是动物）。它们不能利用太阳能生产有机物，只能（直接或间接）从生态系统的生产者（主要是植物）所制造的有机物质中获得营养和能量。

食物链是指生态系统中各种生物为维持其本身的生命活动，必须以其他生物为食物的这种由生物联结起来的链锁关系。通俗地讲，是各种生物通过一系列吃与被吃的关系，紧密地联系起来，这种生物之间以食物营养关系彼此联系起来的序列，在生态学上被称为食物链。

寒武纪首次出现了生命演化史上的多级营养塔，构建了类似现代复杂食物链的雏形。寒武纪之前的生命发展历程漫长而曲折，曾有无数次的生命演化试验，结果唯有海绵动物、刺胞动物等极少数类型的生物跨过了前寒武纪与寒武纪的界线，与寒武纪涌现出的大量新动物类型一起，开创了生命演化史上的大爆发景象。

<<<<<

生物竞争空前激烈

>>>>>

寒武纪生命大爆发开创了生物演化的新模式——合作与竞争。就生物界而言，不仅存在竞争，也存在合作，无论是竞争还是合作都对生物的演化起着推动作用。然而，在地球生命诞生后极其漫长的30多亿年里，生物间并没有表现出明显的竞争关系。那段漫长的时间，生物间的关系并不显著，它们彼此独立。

随着寒武纪生命大爆发的来临，生物界发生了翻天覆地的变化，其中生物间的竞争与合作已然成为生物界演化的主流现象。从此，生物界迅速走向繁盛，呈现出一片欣欣向荣的景象，这对生物演化和现代生物多样性的形成产生了极为深远的影响。

寒武纪生命大爆发所形成的生物演化的新模式多种多样，如寄生关系、合作关系、竞争关系等。

▶ 寄生关系

当一种生物生活在另一种生物的体内或体表，从这种生物体摄取营养物质来维持自身生存时，它们之间便形成了寄生关系。例如，在寒武纪早期，微网虫虽然是一种底栖爬行动物，但有时

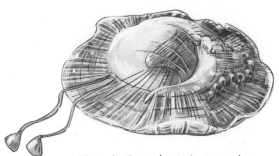

微网虫依附在星光水母身上

也会不经意间爬到星光水母身上，随该水母过漂浮的生活。微网虫可以舒服地依附在星光水母身上并随之漂浮，同时吸取水母的体液供自己获取营养。此外，像怪诞虫、爪网虫等动物，也常常寄生在固着生活的先光海葵身上。它们将先光海葵视作玩耍和栖息的窝点，也不时从先光海葵体表吸取体液，自得其乐。

▶ 合作关系

生物的合作关系，即两种生物共同生活在一起，对彼此都有利，两者分开后仍能独立生活，如现代版的寄居

蟹和海葵。在寒武纪生命大爆发时，海洋中首次出现了节肢动物头尾彼此相连的集体行为，它们形成一条"S"形的运动轨迹。科学家推测动物的这

寄居蟹和海葵

种集体行为可以更好地抵御外敌的侵扰。

▶ 竞争关系

捕食关系是寒武纪出现的新型竞争关系，捕食行为释放了生物的造骨潜力。前寒武纪至寒武纪过渡期是生物骨骼演化的关键时期。寒武纪早期的微小骨骼化石广泛分布于世界各地，显示了生物骨骼化作用已经成为寒武纪生命大爆发的重大演化事件，同时也标志着寒武纪生物相对于前寒武纪生物在演化上产生了

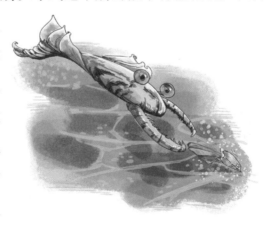

奇虾捕食

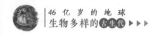

质的飞跃。

生物的捕食行为强化了生物间的依存与竞争，在诱发生物骨骼演化、释放生物造骨潜力方面发挥了重要作用。科学家发现许多贝类化石的身体表面有残留下来的生物捕食行为带来的钻孔，这见证了那个时代已经开始的生物间的捕食与被捕食行为。

寒武纪生物间的竞争关系，对生物界产生了深远影响。竞争使物种变得丰富多彩。寒武纪早期的生物界相当热闹，有三叶虫、昆明鱼、奇虾、水母等多种多样的生物。竞争使生态系统更加多样。生物在各种各样的生态系统中采取了不同的取食策略，形成各自独特的食性，建立起多层次的营养链，进而产生更多样化的物种，促进了生物的多样性演化。竞争使优势类群胜出。每个时代都有特定的生物群和优势的生物种类，如寒武纪的奇虾、奥陶纪的直锥形鹦鹉螺、志留纪的广翅鲎（hòu）、泥盆纪的邓氏鱼等。在海洋环境发生重大变化、生物群面临更替的情况下，生物间往往会产生激烈竞争，优胜劣汰。新出现的优势生物类群会成为新一代的海洋霸主，延续生物界的辉煌和演化。

3 奥陶纪的繁盛与悲歌

奥陶纪是古生代的第二个时期（距今 4.85 亿—4.43 亿年），紧随寒武纪。奥陶纪是地史上大陆地区遭受广泛海侵的时代，是火山活动和地壳运动比较剧烈的时代，也是冰川发育的时代。

<<<<<

无脊椎动物群星闪耀

>>>>>

在奥陶纪相当长的一段时期内，生物界一直延续着寒武纪生命大爆发所呈现的辉煌景象。生物多样性和生态系统的多元化在此时都达到新的高度。

奥陶纪的生物大辐射持续了数千万年，特别是在奥陶纪早期和中期，海洋生物多样性急剧增加。这是古生代演化动物群起源及早期演化的标志性事件，也是实现对寒武纪演化动物群全面替代的标志性事件。其间，生物界出现了多次辐射高潮，科一级动物类群的多样性规模增长了4倍多。因此，奥陶纪海洋中动物类型极为丰富，各类动物竞相演化，不仅无脊椎动物进入了大发展和大繁荣阶段，鱼类也开始登上历史舞台。

如果说寒武纪生命大爆发涌现出现代生物几乎所有门、纲级别的类群，那么，奥陶纪的

小 词 典

古生代演化动物群

古生代演化动物群是显生宙三大演化动物群之一，繁盛于古生代，主要由表栖固着生活的滤食生物组成，包括四射珊瑚、窄唇苔藓动物、海百合等。

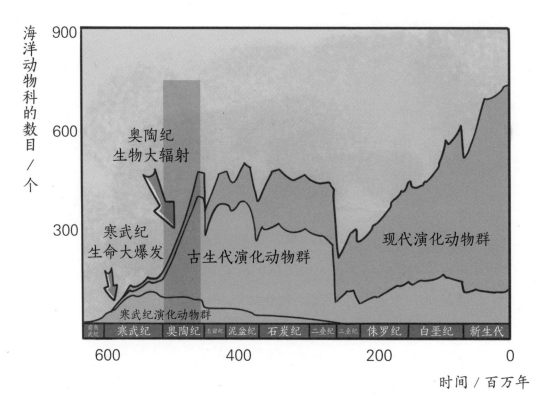

生物辐射演化示意图

生物大辐射则涌现出绝大多数目一级的类群和大量的科、属等级别的类群。

在奥陶纪，脊椎动物中的无颌类已经出现，但海洋中真正的主角还是海生无脊椎动物。海生无脊椎动物在奥陶纪获得了极大发展，是海洋中最主要的生物类群。

奥陶纪动物群主要由三叶虫、半索动物、棘皮动物、苔藓动物、刺胞动物等构成。此外，奥陶纪还出现了底栖游移、浮游等生态分层，生物群落更趋复杂化，以鹦鹉螺为代表的头足动物逐渐取代了奇虾,成为海洋中的新霸主,处于食物链的顶端。

鹦鹉螺体长达 4 米，是海洋生物诞生以来"身体"最长的动物。鹦鹉螺头的两侧有眼睛，中间是口，因外形看起来像鹦鹉的嘴，所以人们将其取名为"鹦鹉螺"。鹦鹉螺口的四周有很多长长的腕，腕上有吸盘，可用于捕食，也可用于爬行。鹦鹉螺出现于寒武纪晚期，至奥陶纪达到繁盛。

鹦鹉螺

笔石的形态十分奇特，有的呈树状，有的如展翅飞翔的大雁，还有的像张开的弓，但最奇特的要数那些表面布满各种网眼、中间围成一个空腔的网兜状的细网笔石。笔石与现今海洋中的杆壁虫十分相似，可能属于半索动物。笔石有两种生活方式，原始的笔石就像一棵树一样，固着在海底并向上生长；演化层

笔石

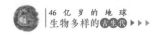

次高一点的笔石过的是随波逐流的漂浮生活，依靠笔石虫体的触手摆动，滤食海水中悬浮的有机物。奥陶纪和志留纪是笔石最繁盛的时代，有时在一块化石标本中能见到数以百计的笔石个体动物。

三叶虫

三叶虫在寒武纪就已经非常繁盛，奥陶纪时还演化出了新的类型。在海洋底层生活的三叶虫身体扁平，头部结构坚硬，擅于挖掘。由于大量食肉鹦鹉螺的出现，为了防御，一些三叶虫在胸、尾部长出许多刺；另外一些三叶虫还进化出了非常巧妙的类似脊椎的结构，用以抵抗刚出现不久的天敌——鱼类。

奥陶纪牙形动物也极其多样，达到了发展的巅峰。那时的海洋是牙形动物的乐园。

牙形动物

科学课堂

生物分类阶元

生物分类阶元是根据物种间形态的异同、演化关系的亲疏，使用不同的等级，将生物逐级分类。任一等级上的生物类群必须具有一些共同的性状特征，以区别于其他的生物类群。现代生物分类采用界、门、纲、目、科、属、种7个必要的阶元。种（物种）是基本单元，近缘的种归合为属，近缘的属归合为科，科隶属于目，目隶属于纲，纲隶属于门，门隶属于界。以老虎为例，它属于动物界、脊索动物门、哺乳纲、食肉目、猫科、豹属、虎种。

<<<<<

复杂生态网形成

>>>>>

▶ 新霸主登场

奥陶纪海洋生态环境发生了很大的变化，生物界原来位居食物链顶端的奇虾被体形更大、游泳速度更快和适应环境能力更强的头足动物所取代。它们的后代就是大家十分熟悉的现代海洋中的章鱼、乌贼、鹦

头足动物

鹦螺，它们同样以超强的游泳能力和捕食能力在现代海洋中占有一席之地。

▶ **新生态体系构建**

在奥陶纪的生态体系中，已经形成了以底栖固着的腕足动物、底栖游移的三叶虫、漂浮的笔石、游泳的头足动物等为主的生态分布格局。相对于寒武纪生命大爆发，奥陶纪增加了大量底栖游移和浮游生活的生物类群。

在奥陶纪各种生态类型的生物中，底栖固着类型的生物占优势地位，如大量爆发的腕足动物、棘皮动物、苔藓动物、珊瑚、海绵动物等。与此同时，游泳和浮游生活的生物也开始崛起，如游泳的头足动物和浮游的笔石。它们演化迅速，在不同深度的海洋生态空间

腕足动物

中均占有重要地位。

奥陶纪的海洋生物类别繁多，与栖息地多样化密切相关。在台地环境中，生活有三叶虫、苔藓虫、珊瑚、树形笔石等。在陆棚水域、远洋水域和斜坡环境中，生活有笔石、几丁虫、放射虫等。因此，奥陶纪时期从海底向上到海洋表层，从滨岸到深水斜坡地带，海洋生态空间均被生物占领，每一个生态空间中都有相当丰富的不同门类的生物。

▶ 食物链重新洗牌

随着奥陶纪的到来，生物界已经建立起来的食物链发生了很大的变化。体形大、游泳速度快和适应环境能力强的头足动物占据了食物链顶端。此时，海洋中涌现出大量的、多样化的滤食性生物，它们以悬浮物或小型浮游生物为食。这些滤食性生物的出现是奥陶纪生物大辐射的一个重要特征。

奥陶纪，海洋中还出现了一些肉食性动物，如无颌鱼类以及在海底生活的海星等，其中有部分动物可以直接用各种捕食器官主动捕食。与此同时，植食性动物也显著增加，除寒武纪已经出现的单板类和介形虫外，奥陶纪出现了海胆、软甲纲节肢生物（如胡桃虾）等。它们以海底的微体植物为食。此外，以海底沉积软泥为食的动物继续

繁衍，如三叶虫、介形虫等。

　　总体而言，许多海底生活的动物和远洋食肉动物的出现以及植食性动物类群的增加，使得奥陶纪海洋生物的食物结构变得更加完善。

<<<<<

显生宙的第一次悲歌

>>>>>

　　奥陶纪末发生的生物大灭绝是显生宙第一次生物灾变事件，也是古生代演化动物群经过长期大辐射后遭受的第一次重创。在距今约 4.45 亿年的晚奥陶世中期，地球上突然出现了一次新的大冰期，冈瓦纳冰川活动加剧，全球气温骤降。由于当时气候非常寒冷，海水不断蒸发形成的水汽大多变为冰雪降落在陆地上，使得陆地上许多地方很快成为冰雪世界并导致海平面不断下降。此外，当时华南板块又发生了地壳运动，地壳进一步抬升，使得大片的深海区变为浅海区，许多生长在深海的笔石、牙形刺、三叶虫等动物因环境剧烈变化陷入了灭绝之灾。而浙江与江西交界的浅海区却成了陆地，因此在浅海区生活的生物如腕足动物、珊瑚、苔藓虫等也难逃厄运，几乎全部灭绝。所以，奥陶纪末这一波生物大灭绝最为惨烈，而且深海生

冰川

物遭受的重创远远大于浅海生物。

科学家通过研究发现，当时华南地区的笔石有 18 个属，其中 11 个属灭绝了，约占总数的 61.1%。灭绝的属中很多都是地区性的属种和器官特化的属种，只有在全球分布和适应性较强的属种才躲过了这一灾难。浅海区的腕足动物也是一样，当时华南的浙赣地区有多达 55 个属，然而有 31 个属在这次灾变事件中灭绝了。三叶虫灭绝的属更多，深海和浅海的三叶虫均遭重创，36 个属中有 26 个灭绝了，约占总数的 72.2%。从此，繁盛一时的三叶虫开始走向衰落。与笔石、腕足动物和三叶虫相反，珊瑚灭绝的属并不多，16 个属中只灭绝了 6 个，仅占总数的 37.5%，但种的灭绝率很高，35 个种中有 29 个灭绝了。

由于这一波生物大灭绝与大冰期来临和海平面迅速下降有关，所以它首先影响的是浅海区，其次影响到深海区。科学家通过研究，推测当时海平面下降了 100~150 米。

奥陶纪结束之前，持续近 200 万年的冰期结束了。冰期结束后，气候转暖，陆地上的冰雪开始消融，水又纷纷流回海洋，使海平面快速升高，所以华南板块上大片浅海区又成了深海区，早已适应浅海区冷水环境的腕足动物、三叶虫、珊瑚、苔藓虫等又遭受了巨大灾难。腕足动物有 13 个属灭绝了，比第一波大灭绝时的数量少一些；三叶虫原来的数量已衰落得差不多，这次又有 2 个属灭绝了；

笔石虽然适应深水环境，但由于海水深度变化太快，有 3 个属也灭绝了；珊瑚则遭到了重创，有 8 个属完全灭绝了，比第一波大灭绝更悲惨。

奥陶纪末发生的生物大灭绝由前后两波组成。第一波是生活在温暖浅海或较深海域的许多生物灭绝了，灭绝的属占当时属总数的 60%~70%，灭绝的种数则高达 80%。第二波是那些在第一波大灭绝事件中幸存的生活在较冷水域的生物又遭遇灭顶之灾。

科学家通过研究发现，奥陶纪末生物大灭绝是由于冈瓦纳冰川活动、气候、海洋甚至地球系统发生剧变导致的。全球占优势的动物类群先大量繁盛，后又被取代，这体现地球环境发生了两次快速而重大的转折，是奥陶纪末两波生物大灭绝的真实反映。

2020 年，中国和澳大利亚的科学家通过研究，指出奥陶纪末发生的生物大灭绝事件持续了 20 万年之久。在遭受大灭绝的灾难后，许多生物又经历了漫长的残存期与复苏期。然而，奥陶纪末发生的大灭绝事件也使得生物界的演化历程迎来了重大转折，一场蓄势已久的生物登陆大幕将徐徐拉开，那些幸存下来的生物的后代开始了向陆地挺进的演化步伐。

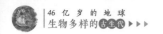

科学课堂

大灭绝的新模式

针对奥陶纪末发生的生物大灭绝，中国科学技术大学的科学家提出了"平流层火山喷发"的灭绝新模式。他们对华南地区奥陶纪末地层中的黄铁矿进行研究分析，发现在大灭绝过程中，火山喷发将大量二氧化硫、硫化氢和其他火山物质输送至平流层，形成了以硫酸盐为主的气溶胶层，导致地球表面温度下降。在平流层的臭氧层附近，火山喷发的二氧化硫等含硫气体经过光化学反应，最终形成硫酸盐等物质沉降至地表和海洋。同时，火山喷发释放的大量温室气体，使地表温度迅速升高并形成酸雨，导致陆地和海洋酸化以及海洋缺氧，并由此引发了奥陶纪末生物大灭绝。

哈佛大学地球与行星科学系的科学家针对奥陶纪末发生的生物大灭绝，提出了另一种新模式。他们认为，在奥陶纪末期，由于陆地上大量维管植物首次出现与扩张，增强了大陆风化作用，导致海洋中生物可利用的营养元素十分充足。这为浮游植物的生长和繁殖提供了有利条件。真核藻类因此迅速扩张，大量有机碳被埋藏在海洋中。随着大规模海侵的发生，大气中二氧化碳浓度短时间内急剧下降，诱发了冰期的到来，成为驱动生物大灭绝的重要因素。

4 鱼类兴起

　　无颌鱼的原始代表在寒武纪就已诞生，但直到志留纪，鱼类才迎来繁盛。从无颌的甲胄鱼类到有颌的盾皮鱼类，鱼类从无颌到有颌，实现了新陈代谢的革命。从此，鱼类具备了主动捕食能力，迅速成为海洋新霸主。

天下第一鱼

5.18 亿年前的寒武纪生命大爆发，诞生了一大批新的动物门类。其中，最令当今人类关注的动物就是鱼类。人类的祖先就来自远古海洋里的鱼类，最早的原始鱼类是出现在寒武纪的昆明鱼、海口鱼和钟健鱼。它们也被誉为"天下第一鱼"。

寒武纪的原始无颌鱼非常小，如海口鱼，体长仅两三厘米，具有一条原始的软骨质脊椎和一对透镜状的眼睛，但是没有颌，只能靠口吮吸或靠水的自然流动将微生物送进嘴里。这些原始的无颌类形态呈纺锤形，有明显的头部和躯干。它们的头部具有部分软骨，至少有 6 个鳃弓。此外，它们还具有单鼻孔、单个嗅囊和耳囊软骨。

原始的无颌鱼在那个时代并不是特别显眼的海洋动物，其体形远不如身长已达 2 米的海洋巨无霸奇虾，即使与大多数无脊椎动物相比也属于非常小众的群体。因此，在很长一段时间，无颌鱼一直默默无闻。

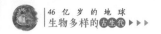

科学课堂

颌

多数脊椎动物构成口腔上下部的骨骼和肌肉组织称为颌。上部称上颌，下部称下颌。

无颌类与有颌类相对，是脊椎动物的两大类之一，属于较原始的类别，是迄今为止最原始的水生鱼形脊椎动物。无颌类用鳃呼吸并以鳍作为运动器官。与其他脊椎动物不同，它们不具有由鳃弓发展来的颌，故称无颌类。

<<<<<

甲胄鱼类

\>>>>>

寒武纪生命大爆发诞生原始无颌鱼类后，到寒武纪晚期又出现了一些形态古怪的无颌类。这些无颌类身上覆盖的不是我们熟悉的鱼鳞，而是骨板或鳞甲。这些骨板或鳞甲彼此相连，就像古代武士的铠甲一样起着保护身体的作用，因此科学家通常又将这些无颌类称为甲胄鱼类。由于头部后侧的结构还没有分开，甲胄鱼类活动并不灵活，在躯干部也没有胸鳍和腹鳍。

虽然甲胄鱼类在寒武纪晚期就已经出现，但是在寒武纪和奥陶纪的海洋中，无脊椎动物仍然一统天下，即便奥陶纪发生了有史以来最大的生物辐射事件，也难觅甲胄鱼类的身影。直到奥陶纪末期发生的大冰期，导致显生宙出现了第一次生物大灭绝，使得无脊椎动物大量灭绝，古生代海洋因此出现大量生态空位。甲胄鱼类或许因祸得福，在熬过大冰期后，终于在志留纪和泥盆纪迎来辐射演化。

通过对现有化石进行研究，科学家发现志留纪的甲胄鱼类已经演化出以下几大类群：盔甲鱼类、骨甲鱼类、异甲鱼类、花鳞鱼类、缺甲鱼类等。它们几乎遍布海洋。

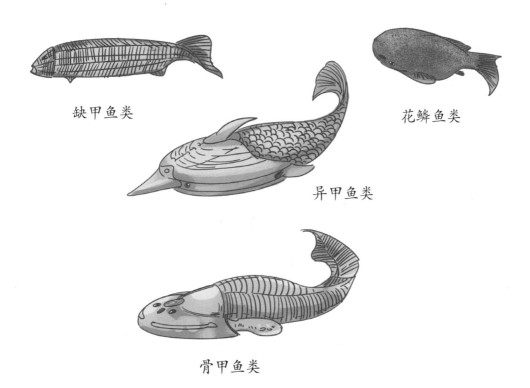

缺甲鱼类

花鳞鱼类

异甲鱼类

骨甲鱼类

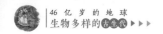

甲胄鱼类在地质历史上的分布比较局限。它们可能由更早期的、还没有甲胄的祖先发展而来。到了泥盆纪，甲胄鱼类演化成为适应各种水生生态环境和具有各种生活习性的一大类群动物，达到了繁盛。

进入全盛时期的甲胄鱼类演化出了300多种异甲鱼类、200多种骨甲鱼类和近100种盔甲鱼类。这些"戴盔披甲"的鱼类体形大小不一，小的体长几厘米，大的体长几十厘米。它们外表形态差异也很大：异甲鱼类身体呈纺锤形，口周围有扇形排列的口片，或许可以用来刮取食物；骨甲鱼类头甲呈马蹄形，有成对胸鳍，头甲上有特殊的侧区，可能用于容纳发电器官或与侧线相连的感觉器官。此外，它们的生活方式也多种多样，多数种类在海底营底栖生活，靠滤食海底有机物为生。

甲胄鱼类自志留纪末开始繁盛，到泥盆纪末彻底消失。它们虽然是鱼类演化史上的匆匆过客，却是不可或缺的重要过渡类群。

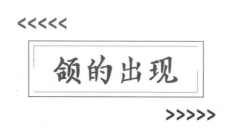

颌的出现

志留纪的鱼类仍以无颌类为主，但是出现了最早的有颌动物——盾皮鱼。盾皮鱼在泥盆纪迎来了它们演化史上的高峰，整个家族十分繁盛，但很快随着环境的变化，它们在大约 3.5 亿年前的石炭纪初灭绝了。

20 世纪以来，全球科学家一直在努力寻找志留纪的有颌类化石，但发现的化石不仅数量非常稀少，也十分容易破碎，很难保存。目前，志留纪有颌类的化石大多为鳞片、牙齿、棘刺等，即使偶尔发现有头部或躯甲骨骼，也仅仅是保存不完整的颌骨或躯甲上零散的骨片。所以，科学家只能通过这些零星的化石，"盲人摸象"式地推测早期有颌类的形态和演化。

幸运的是，21 世纪以来，我国科学家在中国南方发现了一系列早期脊椎动物化石，特别是 2007 年在云南曲靖发现了潇湘脊椎动物群，为有颌类的起源与早期分化等研究带来了曙光。潇湘脊椎动物群的主要化石点位于云南曲靖麒麟区东坡村，其面积不超过 5 平方千米，现已发现了大量保存完整的鱼化石。中国科学院古脊椎动物与古人类研究所的科学家通过研究，发现潇湘脊椎动物群中脊椎动物化石门类非常多、保存得非常完好。潇湘脊椎动物群为研究有颌类的起源及其不同类群之间的亲缘关系、重建有颌类演化树等提供了大量的化石证据。

此前，在浙江 4.35 亿年前的志留纪地层中，科学家发现了一种盔甲鱼——曙鱼。这条鱼对于探索有颌类的

曙鱼

起源有着重要意义。曙鱼的鼻垂体系统已经分裂，成对鼻囊位于口鼻腔的两侧并已完全脱离垂体管。这一结果正是颌起源之前发生的最为关键的演化事件，它为颌的起源提供了先决条件，成为颌演化进程中的关键环节。

2016 年，中国科学院古脊椎动物与古人类研究所的科学家在潇湘脊椎动物群发现了一条怪鱼——长吻麒麟鱼化石。长吻麒麟鱼有一副"不完全的全颌"，已经具有上颌骨与前上颌骨组成的上颌，其颌骨形态处于全颌鱼和其他更原始盾皮鱼类之间的过渡状态。

长吻麒麟鱼

更具有轰动性的是全颌鱼化

石的发现。全颌鱼已具备三对颌部骨板，其身体的大多数地方与其他盾皮鱼类基本相同，但具有确定无疑的上下颌骨。全颌鱼化

全颌鱼

石的发现令科学界非常振奋。时任国际古脊椎动物学会副主席的约翰·朗教授撰文说："对古生物学家来说，找到这条鱼就像物理学家找到了'上帝粒子'。这可以说是自始祖鸟化石（第一块在恐龙和鸟类之间架起桥梁的化石）以来，最激动人心的化石发现。"

云南潇湘脊椎动物群中发现了世界上最古老的一批生活在志留纪的远古鱼类，产出了从无颌到有颌的一系列关键的鱼类代表。2022 年，中国科学院古脊椎动物与古人类研究所的朱敏院士团队在重庆、贵州等地距今约 4.4 亿年的志留纪早期地层中，发现了重庆特异埋藏化石库和贵州石阡化石库，首次大规模展示了志留纪有颌鱼类的面貌。

颌的出现使脊椎动物由被动滤食生活转向主动捕食生活，极大地提高了脊椎动物的取食与适应环境能力。自此以后，有颌脊椎动物迅速向更广阔的生态位辐射。美国自

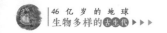

然历史博物馆的古生物学家约翰·梅瑟在《发现鱼化石》一书中有过这样一段精彩的话："如果没有颌,生命将真的不可想象:没有它,巨大的噬人鲨、凶残的恐龙、狰狞的剑齿虎、喋喋不休的人类,将一无是处。颌的起源可能是脊椎动物进化史上最为重要和意义深远的一次演化事件。"

<<<<<

走向繁盛的鱼类

>>>>>

泥盆纪也被称作"鱼类时代",有颌类演化出了四大类群,即"戴盔披甲"的盾皮鱼类、身上长了很多棘刺的棘鱼类以及软骨鱼类和硬骨鱼类。

盾皮鱼类是最原始的有颌类,是介于无颌类和真正鱼类(包括软骨鱼类和硬骨鱼类)之间的一个庞杂的大类群。它的一支衍生出了软骨鱼类和硬骨鱼类的共同祖先。盾皮鱼类最早出现于志留纪早期,在泥盆纪达到鼎盛,到泥盆纪末已完全灭绝。盾皮鱼类有的生活在淡水中,有的生活在海洋中。

北美地区发现的邓氏鱼是盾皮鱼类的代表,它是泥盆纪海洋中最大的掠食者。科学家通过研究发现,一条体长 6 米的邓氏鱼所产生的咬合力约为 4400 牛，足以咬碎泥盆纪任何带盔甲的动物。

邓氏鱼

棘鱼类属于原始有颌类，因其背鳍、胸鳍、腹鳍和臀鳍的前端有硬棘而得名。它们既类似硬骨鱼类，也兼有许多原始软骨鱼类的特征。棘鱼类主要生活在淡水或咸水中。棘鱼类是从无颌向有颌进化的最早尝试者。在泥盆纪，棘鱼类获得了较大发展，达到演化的顶峰，之后逐渐衰落直至二叠纪早期灭绝。

棘鱼类代表了软骨鱼类的祖先类型。软骨鱼类全身都是软骨，皮肤表面覆盖有楯（dùn）鳞，除部分类群具有棘刺外，身体表面没有大块的膜质外骨骼。奥陶纪晚期和志留纪早期的软骨鱼化石记录

棘鱼

目前仍有疑问，原因是化石主要是一些分散保存的棘刺和鳞片，可靠的化石记录则要追溯到泥盆纪早期。

硬骨鱼类的头骨和脊椎骨完全骨化；鳃裂被鳃盖骨掩盖，不单独外露；喷水孔缩小甚至消失；大多数有鳔（biào），少数有肺。硬骨鱼类在泥盆纪中期分化成不同进化道路的两大分支——肉鳍鱼类和辐鳍鱼类。最早的肉鳍鱼类出现在泥盆纪，其早期种类的形态与早期的辐鳍鱼类有很多的相似之处，但是另外一些重大的差异使它们在泥盆纪中期就开始朝不同的方向演化。辐鳍鱼类和肉鳍鱼类分别是今天地球水域和陆地的征服者。辐鳍鱼类现存约 25000 种，涵盖了当今绝大部分形形色色的鱼类；而肉鳍鱼类的其中一支登上陆地，为生物的发展开拓了一个全新的生态空间，逐渐演化出爬行动物、鸟类乃至包括我们人类在内的各种有颌脊椎动物。

5 生物登陆

志留纪，造山运动此起彼伏，古地理面貌发生巨变，大陆面积显著扩大，生物界也发生了重大演变。生物由海洋向陆地大规模"进军"是这一时期最突出、最重要的演化事件。

板块碰撞与造山运动

志留纪早期，全球广泛发生海侵；志留纪中期，海侵达到顶峰；志留纪晚期，地壳运动剧烈，古大西洋闭合，一些板块间发生碰撞，形成了一系列山脉。古地理面貌因此发生巨变，大陆面积显著扩大。世界各地都出现了不同程度的海退和陆地上升。

志留纪，浅海广泛分布于亚洲、欧洲和北美洲的大部分地区；此外，澳大利亚、南美洲的一部分地区也分布有浅海；而非洲和南极洲除个别区域外，当时均为陆地。

志留纪，全球主要大陆有冈瓦纳大陆、劳伦大陆、波罗的大陆等。其中面积最大的是冈瓦纳大陆，它主要分布在南半球的高纬度地区。其他陆地则分布在当时的中、低纬度地区，主要在低纬度地区。介于劳伦大陆和欧洲两大板块之间的海洋为古大西洋，这一古大洋在加里东运动

小词典

加里东运动

加里东山是世界上较早形成的高山之一，因此科学界以这座高山的名字命名了整个造山运动，即加里东运动。

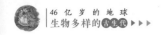

末期一度闭合，形成了加里东造山带。

中国南方受加里东运动的影响，陆地面积也在不断扩大。志留纪中期是加里东运动最剧烈的时期。这次构造运动使湖南、广西和贵州交界的南岭地区上升成为陆地；位于江南古陆与康滇古陆之间的上扬子海上升形成上扬子古陆，并与江南古陆、康滇古陆相连；江浙一带的华夏海岛也成为华夏古陆。

加里东运动后，我国西部的天山、昆仑山、祁连山、秦岭、大兴安岭、小兴安岭及喜马拉雅山地区仍是一片海洋。整个北方大多处于浅海环境，沉积以石灰岩为主，岩层厚度多在数十米以内。

从泥盆纪开始，地球又发生了海西运动，许多地区上升，露出海面成为陆地，整个古地理面貌较之前又有了巨大的变化，陆地面积不断扩大。泥盆纪古地理的基本面貌主要由冈瓦纳大陆、劳亚大陆及其间的古地中海和古太平洋组成。

<<<<<

植物登上陆地

>>>>>

生物走向陆地是地球生命演化史上极为重要的事件。它开启了陆地生物演化的新篇章，从此，生物的足迹遍布大地。随着时间的推移，生物界上演了一幕幕演化大戏，直至形成当今地球生物圈的面貌。

在生物登陆的大潮中，植物是登上陆地的先锋，成为改造陆地生态环境的主力军。其实，早在6亿年前的前寒武纪晚期，某些藻类就已经登上了陆地。在中国贵州发现的3块似地衣化石表明，在高等生物登陆前的2亿年间，浅海繁衍的地衣可能已经开始改造地表岩石圈。它们产生的地衣酸腐蚀了岩石中的矿物质，在荒芜的陆地上制造土壤，改造陆地生态系统。可以说，地衣是海洋生命进军陆地的"先遣部队"。

科学课堂
贵州发现的似地衣化石

地衣是真菌和某些单细胞藻类形成的相互依存的共生体。中国贵州发现的3块似地衣化石表明，地衣结构出现在6亿年前。它们在显微镜下呈现出网格状地衣剖面，许多蝌蚪状真菌丝状体环绕着球状蓝藻，部分丝状体还与梨形的真菌孢子相连，整个形态结构与现代地衣非常类似。

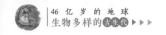

在约 5.1 亿年前，陆地上出现了两栖型陆生植物——似苔藓植物。这是一种个体细小的匍匐植物。它们生活在比较潮湿的地带，从赤道到高纬度地区，从热带到寒带都有分布，显示了很强的环境适应能力，是早期陆生生态系统的主要生产者。地球上最早的陆生植物群落可能就是由大片的苔藓植物组成的。

裸蕨植物

真正从海洋走向陆地的开拓者是维管植物。大约在 4 亿多年前，也就是志留纪早期开始出现陆生维管植物，植物因而完成了真正意义上的登陆过程。最古老的陆生维管植物是裸蕨植物，顾名思义，它是一种植物体裸露的蕨类植物。这类形态十分原始的植物没有根、茎、叶的分化，但出现了与根、茎、叶类似的器官。库克逊蕨、瑞尼蕨等就是最早的一批原始维管植物。

由于陆生环境与水生环境差异极大，来到陆地上生活的维管植物必然面临着诸多新的环境压力，如面临缺水的危险；空气的浮力比水小，原先能漂浮在水面的藻植体这时只能平铺在地上；陆生环境温度变化幅度大，植物必须适应极端温度。此外，没有了水的保护，紫外线也是植物要面对的一大挑战。

因此，植物要适应陆生环境，必须在自然选择的驱动下，产生一些关键性的改变。例如，角质层是一种新式的、非细胞的蜡质不透水保护层，能有效防止水分流失；管胞即维管植物木质部中伸长的细胞，能将水分运输到植物体的其他部位并为植物提供支撑；发育的根系能固着植物体；气孔（通气系统，叶下表皮上的小孔）可用于气体交换。维管植物的这些关键性改变，使得植物有了在陆地长期生存必需的支撑植物体的支持系统，输送水分、养分的运输系统和脱离水体能独立繁殖、呼吸以及防止水分蒸发的器官。当植物具备了保持水分的新本领后，便开始向远离水体的内陆地区"进军"。此后几千万年，早期陆生植物开始分化并占领广阔的陆地，初步构建起了陆地生态系统。

随着维管植物不断向条件更加严苛的内陆和高山地区生长，水分成了制约植物繁殖最重

小词典

木质部

木质部是维管植物体内具有输导和机械作用的一种复合组织，由导管、管胞、木纤维和木薄壁细胞等组成。

　　孢子指脱离亲体后能直接或间接发育成新个体的单细胞或少数细胞的繁殖体。

　　要的因素。早期的维管植物都是利用孢子进行繁殖的，受到水分的严重制约。为了克服这一困难，种子就应运而生了。种子的出现是维管植物进化史上的又一个里程碑事件。种子的生存和适应能力比孢子强。孢子只是一个细胞，外壳保护能力差，贮存的养料也少，因此生存和适应能力有限。而种子是由多个细胞构成的，一般外面有坚硬外皮（果皮或种皮），内含丰富的营养物质。许多种子由于种皮不透水或不透气，还可暂时处于休眠状态。因此，种子更具有抗寒、抗高温和适应不利环境的能力，比孢子的生命力更强。

　　最古老的种子植物被称作种子蕨，它们都已经灭绝。最早的种子蕨产自北欧和北美，它们大都是些小灌木，茎很纤细，一般生活在海岸的沼泽中。早期的种子非常小，大多数只有3~7毫米长，有些在边缘还长有一对翅状凸出物，表明它们是靠风力传播的。

　　随着这些维管植物向内陆深处扩散，原本十分荒凉的大地开始泛绿，陆地与大气圈的环境由此大大改善。氧气、阳光和水分使荒凉大地上的生命得以充分成长和繁衍，极大地改善了大陆的整体生态环境，为无脊椎动物和脊椎动物的后续登陆创造了条件，使得生物的触角得以延伸至地球各个角落。

<<<<<

动物界的登陆先锋

>>>>>

大约4亿多年前，维管植物成功登陆，占领了辽阔无垠的大陆，使长期以来荒凉的大地开始披上绿装。伴随着陆生植物的发展以及食物链引起的诱发效应，志留纪晚期出现了最早的昆虫和蛛形类节肢动物，如千足虫、蝎子、蜘蛛等。

在无脊椎动物的各大类群中，从原生动物到环节动物，最初都是水生的。虽然其中一些种类后来也过渡到

蝎子

陆地上生活，但基本上都是生活在潮湿的土壤中，并未能占领地表和广阔的天空。真正大规模登上陆地的是无脊椎动物中的节肢动物。

具颚类是早期节肢动物中的一个类群，它的原始类

群生活在水中，后来原始的具颚类分化为两个类群。其中一个类群仍然留在水中生活，慢慢演化成为现在的甲壳纲动物；另一个类群则开始向陆地发展，演化出陆栖的生活方式。

在向陆地"进军"的过程中，动物同样面临着要适应干燥环境与保持呼吸两大难题。幸运的是，节肢动物有着与生俱来的坚硬外壳（外骨骼），在适应干燥环境方面具有优势；在保持呼吸方面，节肢动物有发达的气门，可以通过这一器官将空气输送到体内的气管。科学家曾在英国的苏格兰地区发现了志留纪时期的千足虫化石，该化石就保留有节肢动物气门的痕迹。

节肢动物在长期的适应过程中，逐渐形成了一套能利用空气中氧气的新型呼吸器官——气管系统，最终演化出节肢动物中最庞大的一支类群——气管亚门动物。

多足纲动物是登上陆地生活的原始气管亚门动物，因为适应不同的生活方式又分化成两类：一类开始隐蔽地生活，进入土壤中或在地表覆盖物下，从而导致复眼消失，其进一步的发育特点是体节数增多且大多躯干体节上具有成对的附肢，这就是现在的多足类动物，如蜈蚣、马陆等；而另一类则保持自由的生活方式，从而保留了复眼等气管亚门动物的许多基本特征，这就是现在的昆虫。

在昆虫的祖先（原始气管亚门动物）登陆时，陆地上已经有了裸蕨类植物，这为它们的登陆创造了十分有利的条件。昆虫有一对发达的大颚，能切割、咀嚼裸蕨类植物的茎叶。后来由于昆虫对环境的适应辐射，食性和取食方式也随之多样化。有的昆虫由食固体食物转变为兼食固、液两种食物或专食液体食物。而昆虫取食的口器也由咀嚼式口器演化出嚼吸式、刺吸式、虹吸式等多种类型。口器的多样化使昆虫适应环境的能力大大增强，生存的范围越来越广。

迄今为止，最古老的昆虫化石是在英国苏格兰地区发现的弹尾虫化石，虽然它是大约4亿年前的生物，但它的样子与现代的弹尾虫几乎没有区别。这说明弹尾虫那时的进化已经接近"完成态"。因此，科学家完全有理由推测，昆虫在志留纪就已经随着植物登上了陆地。

昆虫刚登上陆地的时候，还在岸边生活了一段时间。随着身体的进化，逐渐出现了表皮硬化、适应干燥环境和日光的昆虫物种。正是这一批昆虫离开岸边，飞向了更广阔的天地。科学家发现，在淡水区域登陆的植物非常繁盛，常常出现由枯萎植物所形成的有机物堆积，这就为蜈蚣类、蜱螨（pí mǎn）类、跳虫类等无脊椎动物后续登陆提供了新栖息地。由淡水和植物组成的湿地地带后来出现了森林，森林使得河流变得稳定，洪水不断减少，营造了适合生物生活的环境。

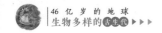

在英国苏格兰地区发现的莱尼燧石层是泥盆纪早期由泥潭堆积而成的已经化石化的地层，其中保存了大量菌类、藻类的遗骸以及蜱螨类等节肢动物的化石。通过这些化石，科学家推断当时的植物已经出现了多样化趋势，与此同时，以陆地植物和菌类为食的跳虫类和蜱螨类等动物也开始登上陆地。因此，陆地上多样化的植物与动物相互依存，逐渐形成了新的生态系统。

到了石炭纪，由于海平面降低，出现了大片湿地地带，繁衍出由蕨类植物组成的大规模森林。这些森林非常适合昆虫的生存和繁衍。于是，那时的昆虫几乎成了森林中的精灵，无处不在。此外，昆虫的生长速度很快，世代交替也迅速。因此，昆虫在短时间内就能完成进化。由于体形小的昆虫能有效地利用较少的食物资源，而不同种类的昆虫又可以改变食物类型，因此它们能够共同生活在相似的环境中，由此也丰富了物种多样性。直到现在，昆虫仍然是所有生物类群中种类最丰富的。

<<<<<

鱼类爬上陆地

>>>>>

随着无脊椎动物成功登上陆地，肉鳍鱼类中的一支也在数千万年后尝试着登上陆地。大约在距今 3.6 亿年的泥盆纪晚期，一些勇敢的肉鳍鱼爬上陆地，变成了鱼石螈类四足动物。

鱼石螈

鱼石螈的一小步，却是包括我们人类在内的脊椎动物演化的一大步。鱼石螈等早期四足动物还保留了鱼形尾，但已经拥有多趾的四肢。它们在陆地上行走时显得很笨拙，可能更多的时间还是在水中游泳或在水底爬行。

小词典

四足动物

四足动物是指具有 4 个附肢的脊椎动物。所有的两栖类、爬行类、哺乳类都是四足动物。

科学课堂

鱼石螈

鱼石螈是我们已知的最早的两栖动物。虽然它具有陆生动物的躯干、腿以及脚趾，但它的头部依然是鱼的样子，尾巴也类似鱼的尾鳍，这说明鱼石螈的祖先是鱼类。从已经发现的化石来看，鱼石螈大约生活在 3.6 亿年前。

脊椎动物登陆离不开地球环境变化的推动。约 4.2 亿年前，劳亚大陆、波罗的大陆、阿瓦隆尼亚大陆相继发生碰撞，在这次地质运动中隆起的巨大山脉阻挡云层，带来了充沛的降雨。不久，得到滋润的大地上出现了河流，大洋中的鱼类开始进入淡水河流。位于欧洲北部的斯堪的纳维亚山脉和位于美国东部的阿巴拉契亚山脉作为远古时期留存下来的巨大山脉，或许见证了鱼类登上陆地的第一步。此外，泥盆纪早期大气中氧气含量明显上升，也是影响鱼类登陆的关键因素。

脊椎动物从水生到陆生是生命演化史上的一次飞跃，但这不是一蹴而就的，而是经历了一个艰难的过程，需要克服一系列困难。科学家通过研究发现，鱼类能够离开水可能与 4 次重要的演化事件有关，即演化出颌，硬骨鱼类演化出骨骼，肉鳍鱼类演化出内骨骼，以及演化出内鼻孔。

从志留纪到泥盆纪，有颌类的出现改变了鱼类靠寄生或以滤食为生的取食方式。鱼类从此拥有了主动捕食的能力，可以有更多样化的生活方式，能拓展到更广阔的海洋生态空间。此后，鱼类体形朝着更大更长的方向发展，为后续进一步演化奠定了基础。

随着时间的流逝，有颌类中的重要一支演化成了硬骨鱼类。硬骨鱼类全身的骨骼变得坚硬，让其上岸生存有了可能。在硬骨鱼类中有一分支叫肉鳍鱼类，其偶鳍（成对的肉鳍）中有内骨骼，能起到支撑自己身体的作用。成对的鳍已经具备特化的内骨骼与肌肉，也可以使得它们在水底进行简单的"行走"。

肉鳍鱼类有很多不同类型，但最后只有一支成功爬上陆地，形成了现在的四足动物。四足动物的一个重要标志是演化出了指（趾）骨。泥盆纪的四足动物有6~8个指（趾）头，如图拉螈拥有6个指（趾）头，鱼石螈拥有7个指（趾）头，棘螈则有多达8个指（趾）头。泥盆纪之后，四足动物才演变成有5个指（趾）头。

那么这一支成功登陆的肉鳍鱼类和其他的肉鳍鱼有什么不同呢？科学家通过研究发现，内鼻孔的出现是演化出四足动物的必要条件。因为上岸就要呼吸，而鱼是用鳃呼吸的，它们原来的鼻孔是两个外鼻孔，不是呼吸器官。因此，为了解决由在水中呼吸转变为在空气中呼吸的问题，内鼻孔的出现就至关重要。鱼类在头的两侧各有两个鼻孔，前面是进水孔，后面是出水孔，里面与嗅囊相通，但是与口腔或咽腔没有任何联系。换句话说，鱼类的"鼻子"只有嗅觉功能，而没有呼吸功能。四足动物只有一对外鼻孔，不过在鼻腔内部，还有一对开孔，成为鼻腔与咽腔之间的通道，这就是内鼻孔。内鼻孔的出现，使外部的空气能顺利地进入肺，保证了动物对氧气的需求。当口闭合或取食时，鼻子就成为四足动物呼吸的唯一通道。

这支成功登陆的肉鳍鱼类除有内鼻孔外，一些与陆地生存相适应的其他结构也逐渐演化出来。比如它们内耳附近颅顶区域有一个很大的喷水孔，这个喷水孔一开始是没有用的，但它恰恰就是四足动物听觉器官——中耳的前身。另外，为了有效地支撑身体，它们的肩带和腰带在登陆进程中也有了很大幅度的改变。

当四足动物具备了登陆的生物学基础时，环境演化产生的动力因素起了直接的催化作用。一般认为，鱼类进化出四肢，进而登上陆地，其原因可能是为了躲避捕食者的追捕。因为那个时代的淡水水域里，不仅生活着早期四足动物以及与四足动物相似的鱼类，还生活着众多以它们为食的大型食肉鱼类。显然，泥盆纪的河流、湖泊是被凶猛的食肉鱼类所统治的。

随着植物与无脊椎动物的登陆，陆上及水边出现了丰富的尚未开发的食物来源和新的生存空间。这些使得鱼类登陆不仅是为了逃离被水中捕食，也是为了去探索新的生态机遇。

总之，当3.6亿年前的远古鱼类离开海洋，登上陆地，成为长有四肢的脊椎动物时，便迈出了"从鱼到人"这数亿年生物演化中极为关键的一步。它为生物的发展开拓了一个全新的生态空间，从早期四足动物逐渐演化出两栖动物、爬行动物、鸟类和包括人类在内的哺乳动物，拉开了陆栖动物大繁荣的序幕。

6 森林与巨虫

　　石炭纪，古地理面貌又发生了极大的变化，气候出现明显的纬度分带。此时，氧气在大气中所占的比例比现在高得多，从而推动了陆地巨型动物的生长。

<<<<<

遍布大陆的森林

>>>>>

　　森林的形成是地球陆地生态系统的一次革命性事件。自从有了森林，大陆自然环境焕然一新。森林影响了全球大气、海洋环境，对全球气候演变产生了深远影响。此外，远古森林还造就了当今人类所依赖的煤矿的形成，为我们人类近代工业的发展留下了一份极为珍贵的能源财富。

　　泥盆纪其实就已经出现了小森林，在美国纽约州、挪威斯瓦尔巴群岛和我国安徽省新杭镇都发现了古老的树桩化石，这是泥盆纪最古老森林的代表。森林出现后又过了1000万年，植物便进入大繁盛时期。那么，你知道原始的远古森林是怎样的一种景象吗？其实那是由木贼、羊齿、石松等植物组成的原始雨林。30米高的封印木像一把把长柄巨伞，只在顶端长着1米长的叶子。封印木的根部有许多小根，

小词典

封印木

　　封印木是已经灭绝的化石植物，属于石松类，无现代植物类型可供参照，是石炭纪森林的重要组成部分。

可以钻出泥土进行光合作用。当其长到 27 米高的时候，树干才开始分权，顶部的孢子被释放出来，随风飘散。一个孢子就是一个小小的遗传基因包。只要环境湿润就能发育成一个新的生命。潮湿多雨的沼泽正是这些孢子植物的天堂。

科学课堂

如何判定早期森林及古树高度

要判定早期森林，需要特定的地质条件：生长时的森林植物被原位保存下来，使研究者能构建出森林面貌。原位保存就是保存了植物活着时候的位置，没有经过后期的移动。原位保存的植物化石十分珍贵，它能提供植物分布、总体特征等重要信息。

目前，科学界通常利用植物茎的直径来确定植物体的高度。统计学分析表明，植物茎的直径与高度有一定的相关性。在泥盆纪中、晚期的陆地上，一些植物茎的直径已经达到 10 厘米以上。由此科学家推测其高度至少在 5 米以上，有些甚至可以达到 20 米、30 米。

石炭纪早期的植物面貌与泥盆纪晚期相似，古蕨类植物继续生长，但它们只能适应滨海环境。石炭纪晚期植物进一步发展，除节蕨类和石松类外，真蕨类和种子蕨类也开始迅速发展。此外，裸子植物中的科达树也十分繁盛，它是一种高大的乔木，是造煤的重要植物之一。

石炭纪的气候似乎格外温暖湿润，有利于植物的生长。随着陆地面积的扩大，陆生植物从滨海地带向大陆内部延伸，形成了大规模的森林和沼泽，给煤炭的形成提供了有利条件。因此，石炭纪也成为地质历史上重要的成煤期之一。

在石炭纪的森林中，既有高大的乔木，也有茂密的灌木。乔木中的木贼根深叶茂，其茎的直径可以达 20~40 厘米。它们喜爱潮湿环境，广泛分布在河流沿岸和湖泊沼泽地带。石松是另一类乔木，它们挺拔雄伟，成片分布，最高的石松可达 40 米。在石炭纪，虽然早期的裸子植物(如苏铁、松柏、银杏等)非常引人注目，但蕨类植物的数量是最丰富的。蕨类植物是灌木林中的大家族，它们虽然低矮，但占据了森林的大量空间。今天地球上之所以蕴藏有如此丰富的煤炭资源，可以说与石炭纪植物界的繁盛密切相关。

石炭纪是地壳运动非常频繁的时期，许多地区在这一时期隆起上升，形成山系和陆地，地球也因此产生了明显的气候变化。按照地理环境的不同，科学家根据石炭纪的植物分布特点划分出各具特色的植物地理区，每一植物地理区都有自己的特色植物群和一定的生态特征。

石炭纪森林复原图

从石炭纪中、晚期到二叠纪，地球上的植物可划分为以下 4 个植物地理区：分布于欧洲和北美洲大部分地区的欧美植物群、分布于亚洲东部的华夏植物群、分布于亚洲北部的安加拉植物群，以及分布于南半球各地和北半球南亚地区的冈瓦纳植物群。中国和东南亚地区的植物在早期属于华夏植物群，后来随着气候的变化和植物种类的演变，便形成了以大羽羊齿为代表的独特植物群。

<<<<<

煤炭的形成

>>>>>

以煤炭能源为支柱的工业革命，是人类历史上一次重大的变革。煤炭作为化石能源的一种，是远古时期的植物遗体在埋藏后受到地质作用，经过复杂的生物化学变化转变而成的固体可燃矿产。科学家在煤层的顶部和底部岩石中经常能发现植物化石，煤块表面也常可以看到有植物的叶和根茎的痕迹；如果把煤切成薄片放到显微镜下观察，能看到非常清楚的植物组织和构造；此外，有的煤层里保存着像树干一类的东西，有的煤层里包裹着完整的昆虫化石。它们为我们了解成煤植物以及当时的自然环境提供了

宝贵的证据。

在漫长的地质历史上，植物界多次繁盛，出现了石炭纪、二叠纪、侏罗纪等几次重要的成煤期，其中石炭纪是地质历史上最早的世界性成煤期。

在石炭纪的成煤植物中，主要以石松类、有节类、科达类、种子蕨类和真蕨类为主。其中石松类和有节类最为突出，虽然现在这两类的代表都是一些小小的草本植物，但在3亿多年前，它们的家族成员中可是有高大的乔木。

地球上出现的大规模的森林广泛分布于滨海的沼泽中，这为大规模成煤提供了便利。此外，石炭纪中、晚期的地壳运动使许多地区出现大型盆地，也为煤炭的大规模生成提供了有利的地理条件。一个地区的地壳下降速度及植物遗骸堆积的多少决定了一座煤矿煤层的厚薄度。地壳下降的速度快，植物遗骸堆积得厚，这座煤矿的煤层就厚；反之，地壳下降的速度慢，植物遗骸堆积得薄，这座煤矿的煤层就薄。另外，由于地壳的构造运动使原来水平的煤层发生褶皱和断裂，有一些煤层会被埋到地下更深的地方，有一些煤层则被挤到地表，甚至露出地面，比较容易被人们发现。

那么，你知道植物是怎样变成煤炭的吗？由于石炭纪的植物种类繁多，生长迅速，它们死后即便有一部分很快腐烂，但仍有许多枝干避免了风化作用和细菌、微生物的破坏。石炭纪森林的不少林地是被水浸泡着的沼泽地，植物死亡后很快会下沉到稀泥中，那里实际上是一种封闭的还原环境。在这种环境中，植物避免了外界的破坏并在各种地质作用下缓慢地演变成泥炭。年复一年，由植物形成的泥炭在地层中得到保存，又经历了成煤作用后成为初级的煤炭——褐煤。褐煤是一种劣质煤，再经过长时间的压实后，才能形成真正意义上的煤——烟煤。褐煤转化成烟煤要付出巨大的"代价"：据科学家推算，0.3 米厚的烟煤是由 6 米厚的像褐煤这样的植物质压缩而成的。

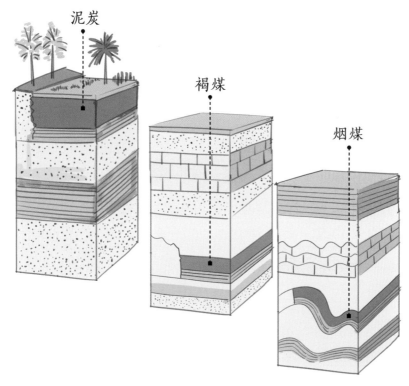

煤形成过程示意图

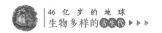

<<<<<

中国早期森林与煤炭的形成

>>>>>

我国具有形成早期森林的条件。在泥盆纪晚期，华南、新疆等地就已经出现了形成早期森林的常见植物。

2012 年，中美科学家在内蒙古乌达煤田发现了距今约 3 亿年的原位埋藏化石森林，即成煤沼泽森林。它因为火山喷发被埋藏，其保存方式与庞贝古城颇为相似，可以说是地球生物界的一个"植物庞贝"。该化石森林的植被由六大植物类群组成：石松类、有节类、瓢叶类、蕨类、原始松柏类和苏铁类。其中，高层植被由原始松柏类科达、石松类封印木构成；中层植被由树蕨植物构成，它是森林的主体；底层植被包括有节类楔叶、星叶等。

2019 年，我国科学家在安徽省新杭镇附近又发现了泥盆纪的树木化石。这是迄今亚洲地区最古老的森林发现地，也是目前世界上第三个泥盆纪古老森林的发现地，因而意义十分重大。这些树木化石可以追溯到大约 3.65 亿年前，科学家通过研究，发现这些古老的植物属于石松类。它们分布相当密集，像棕榈（lǘ）树那样，树干无枝，树冠多叶，

石炭纪形成的煤

笔直生长。它们的根系异常发达，为石炭纪沼泽森林的形成奠定了基础。

在石炭纪，构成现在中国大陆的主要陆块——华北板块和华南板块正处在中低纬度地区，在温暖潮湿的气候条件下，繁盛的森林在滨海和内陆的盆地沼泽中形成大面积的煤层。因此，石炭纪也是中国地质历史上第一次重要的成煤期。例如，具有"煤海"之称的山西，其煤层大都形成于石炭纪。当时，山西大地历经海水的数次入侵，海陆频频交替出现。每当海水退去，陆地植物便在温暖潮湿的环境下迅速生长，大量的煤炭因此得以形成。

中国是煤炭资源大国。有科学家曾经指出，石炭纪森林的茂密程度可以从中国所产煤层的厚度上看出来，有的煤层厚度竟然超过 120 米，这相当于 2440 米的原始植物质的厚度。

煤炭开采

<<<<<

森林里的巨虫

>>>>>

石炭纪是一个神奇的时代，各类昆虫在石炭纪以爆发式的演化产生了几乎所有的类群。昆虫具有六足，有独特的运动方式，如超强的跳跃能力、在高速运动中能急停和急转弯等。昆虫的复眼能在快速飞行时精确定位自身位置；此外，它的两对翅膀大部分是由极薄的具有弹性的表皮细胞构成的"膜"，由总体呈纵向排列的脉管支撑，较硬又有一定的弹性。昆虫的运动感受器是多种多样的，为了控制飞行的速度、方向以及飞行姿态，昆虫可以通过改变翅膀的运动方式来实现。

石炭纪初期，生物界面貌发生了很大变化，森林已遍及大地，两栖动物开始大量繁盛，原始的爬行动物也悄然出现。这些动物均以昆虫为食，因此昆虫除了要应对原先的天敌——蜘蛛和蝎子，还要面对更加凶猛的两栖和爬行动物。起先，昆虫或许是用跳跃的方式来逃脱袭击的。昆虫胸部的垂下物能使它们腾空而起，距离虽然很短，却足以使它们死里逃生。

在这场生死之战中，昆虫通过充分发育附翅，逐渐形成翅膀的雏形。昆虫学家推测，有一些昆虫在拼死逃命的时候，会拍打它们那小小的翅形垂下物，以便使自己滑翔得更远些。最后，这些垂下物就发育成为能够展开的翅膀。昆虫用胸部强劲的肌肉来扇动它们的翅膀，因而可以飞得很远，使食肉动物可望而不可即。

石炭纪，地球大气含氧量高，许多体形大于现在的昆虫出现了，如蜉蝣（fú yóu）、蜻蜓、虱子等。其中，最神奇的是巨脉蜻蜓，它们的翼展可以达到72厘米，有老鹰那么大，是地球上有史以来最大的昆虫。巨脉蜻蜓的化石早先发现于美国堪萨斯州，后来，在法国也发现了一些。目前，这类蜻蜓化石仅发现于中国、法国、英国、美国和俄罗斯。

巨脉蜻蜓

巨脉蜻蜓为何能长这么大？美国耶鲁大学生物学家发表的一项古气候研究表明，石炭纪地球大气中氧气的浓度接近35%，比现在的21%要高很多。许多节肢动物是通过遍布它们肌体中的微型气管直接吸收氧气的，而不是通过血液间接吸收氧气，所以大气中氧气含量高能促使昆虫向大个头方向演化。

近年来，科学家通过对远古蜻蜓的飞行机制进行研究，证实巨脉蜻蜓同样会飞。化石资料也表明，远古蜻蜓的双翅上有类似于现代蜻蜓的褶皱结构。巨脉蜻蜓的巨型眼睛使得它们成为优秀的掠食者。在它们的领空之内，擅自闯入者的下场必定很惨，庞大的双颚锋利无比，任何较小体形的生物，无论是蚱蜢还是同类，都在劫难逃。可惜，3亿年前曾经繁盛一时的巨脉蜻蜓到二叠纪晚期便神秘地灭绝了。

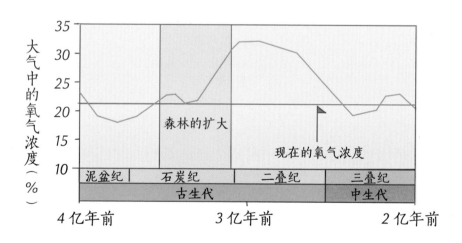

氧气浓度变化示意图

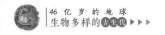
石炭纪初已经出现了具有翅膀的蜻蜓、蜉蝣的祖先，在翼龙、鸟类未出现的时代，它们是在没有竞争者的空中自由自在地飞翔，迅速适应了多种多样的环境。昆虫借助飞行，能在更广阔的范围内迁移、求偶、觅食、躲避敌害，这一切都为昆虫的繁荣发展奠定了基础。

在激烈的生存竞争中，适者生存的进化法则让昆虫脱颖而出，开辟出一条避开陆地恶劣环境和诸多竞争对手而向天空发展的新道路，成为整个动物界飞向天空的先驱。

7 二叠纪的兴衰

二叠纪末全球形成了盘古超级大陆。随着所有古陆的联合，自然环境发生了巨大变化，生物界随之也产生了重要变革，生物演化史上一个新时期即将到来。

<<<<<

两栖动物王国

>>>>>

两栖动物是脊椎动物中最早具备四肢、最先登上陆地的动物群体，是最原始的陆生脊椎动物。两栖动物的出现代表了动物从水生到陆生的过渡。两栖动物的幼体有鳃，长为成体时逐渐演变出肺。它们既有适应陆地生活的性状，又有从鱼类祖先那里继承下来的适应水生生活的性状。多数两栖动物需要在水中产卵，幼体（蝌蚪）形态接近鱼类，而成体可以在陆地上生活。但是有些两栖动物是胎生或卵胎生，不需要产卵；有些从卵中孵化出来时几乎就已经完成了变态发育；还有些则终生保持幼体的形态。

两栖动物有着陆地脊椎动物最长的演化历史，但是关于两栖动物起源和演化历史，仍存在许多谜团未揭开，如两栖动物的祖先是肉鳍鱼类，但到底是起源哪类肉鳍鱼尚不明确——是肉鳍鱼类中的扇骨鱼类、空棘鱼类或者肺鱼类尚待进一步研究。

最早的两栖动物是出现于泥盆纪晚期的鱼石螈和棘鱼石螈。它们拥有较多鱼类的特征，仍保留有尾鳍，还不能

很好地适应陆地的生活。最新的研究表明，鱼石螈和棘鱼石螈只是两栖动物早期演化的一个旁支，并不是其他两栖动物的祖先，真正最原始的两栖动物是谁仍是一个谜。

两栖动物自出现以后，在与严酷的陆地环境的斗争过程中不断地向前发展。到了石炭纪，两栖动物演化迅速，进入了繁盛时期。当时地面上覆盖着大片的森林，高大的鳞木、封印木、芦木、羊齿以及苔藓等遍及沼泽、池塘以及潮湿的岸边，大大增加了气候的湿润程度，为两栖动物的发展创造了良好的条件。从石炭纪到二叠纪，两栖动物十分繁盛，因此该时期也被称为"两栖动物时代"。

两栖动物有两大类——壳椎类和迷齿类。二者的区别主要在于脊椎的构造。壳椎类具有单一的线轴状的椎体，中央被脊索穿透；迷齿类的椎体则由椎间体和椎侧体两部分组成。

迷齿类的牙齿都是圆锥形的，而且在横切面上有许多复杂的褶曲，故取名迷齿类。较早期的迷齿类是鱼石螈的后代，科学家在欧洲石炭纪地层中发现了一个名为始螈的两栖动物，就是典型代表。始螈名字中的"始"字代表两栖动物的开端。它是一种大型迷齿类，长长的身体像鳗鱼，头骨形状像鳄鱼。迷齿类有三个目，分别是鱼石螈目、离片椎目和石炭螈目。鱼石螈目出现于泥盆纪晚期，一直生存到石炭纪早期。鱼石螈目是原始的两栖动物，头骨厚重，顶盖骨坚实。迷齿类的另外两个目——离片椎目和石炭螈目在石炭纪早期出现，这两个目分别代表两栖动物的主干类型和两栖动物中向着爬行动物进化的类型。

始螈

离片椎目在石炭纪和二叠纪遍布世界各地，盛极一时。在美国得克萨斯州二叠纪地层中发现的引螈就是离片椎目的典型代表。引螈头骨很大，牙齿具有迷路构造，脊椎骨和四肢骨强壮。它的生活习性可能像现代的鳄，出没于溪流、江河中，捕食鱼类。古生代结束时，离片椎目的一些成员仍然繁盛了一段时间，是原始两栖动物中唯一延续到中生代的代表，有些甚至到中生代后期才灭绝，如三叠纪的乳齿螈。

石炭螈目虽然在石炭纪就已经出现，但从未繁盛过。其化石多发现于欧洲和北美地区，近年来在中国新疆也发现了石炭螈目成员的化石。石炭螈目到二叠纪晚期全部灭绝。科学家通过研究，发现石炭螈目的成员可能演化出了爬行动物。石炭螈目中最著名的当属二叠纪的蜥螈。蜥螈同时具有两栖动物和爬行动物的特征，对于其到底是两栖动物还是爬行动物曾经有争议，直到发现了蜥螈的蝌蚪才确认其是两栖动物。由于蜥螈生活的时代要晚于最早的爬行动物，所以它不可能是爬行动物的祖先，爬行动物的祖先尚待发现。

在石炭纪和二叠纪还生活着一类牙齿没有迷路构造的原始两栖动物——壳椎类。壳椎类体形较小，包括一些相貌奇特的成员，如石炭纪的蛇螈完全失去了四肢，二叠纪的笠头螈有着独特的三角形的头。古生代结束时，壳椎类全部灭绝，是否留下了后代一直是一个谜。

古生代结束后，大多数原始两栖动物灭绝，只有少数生存下来了，新型的两栖动物开始出现。现代两栖动物，如蛙类（三燕丽蟾）、蝾螈类（中国大鲵）都是在二叠纪末生物大灭绝后从原始两栖动物幸存下来的后代中演化出来的。

羊膜动物

羊膜动物最主要的特征是具有羊膜卵，可以下在陆地上孵化的蛋，而不是必须去水里下蛋。

<<<<<

古爬行类初露锋芒

>>>>>

在两栖动物繁盛的石炭纪，一类真正的陆生脊椎动物出现了。它们在身体构造、生殖、发育等方面都能很好地适应陆地环境，这就是羊膜动物。羊膜动物以产卵、胎生等方式繁衍，它们与两栖动物的差异在于具有保护胚胎的膜以及缺乏幼体变态为成体的过程。爬行类、鸟类和哺乳类都是羊膜动物。

在两栖动物出现后不久的石炭纪早期，就可能已经有羊膜动物出现。在石炭纪晚期，羊膜动物的三个主要类群——无孔类、双孔类和下孔类的代表都已经出现。无孔类是指在颅骨侧面、眼眶后方没有颞颥（niè rú）孔的一类爬行动物（如乌龟）；双孔类是有上下两个颞颥孔的一类动物（大部分的爬行动物、鸟类）；下孔类是只有下面一个颞颥孔的一类合弓类动物（哺乳类与其是近亲）。

已知最早的爬行动物是林蜥，属于羊膜动物中最原始的无孔类。比林蜥稍晚出现的油页岩蜥和蛇齿龙分别是双孔类和下孔类的原始代表。这两类动物的出现在生物进化史上具有重要的意义，一个是后来中生代统治地球的爬行动物以及鸟类的祖先，一个是在新生代统治地球的哺乳动物的祖先。

早期的无孔类和双孔类都是和普通蜥蜴差不多大小的动物，但是下孔类体形比较大，身体长可达3米。二叠纪以后，爬行动物迅速演化，

小 词 典

颞颥孔

颞颥孔是位于颅骨侧面、眼眶后方的孔，在咀嚼肌附着的位置，也就是太阳穴。

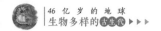

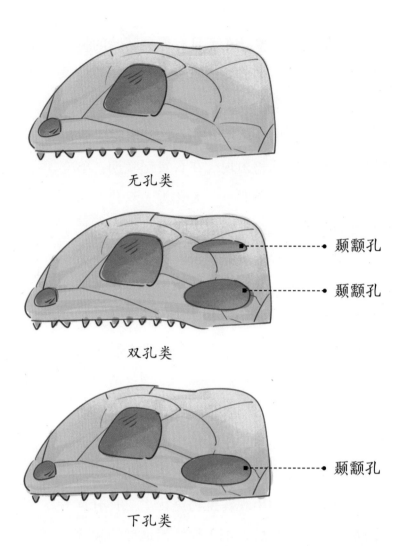

无孔类

颞颥孔

颞颥孔

双孔类

颞颥孔

下孔类

虽然这个时代还没有被称为"爬行动物时代"，但是爬行动物的繁盛已经不亚于两栖动物。二叠纪的无孔类主要包括杯龙和中龙两大类群。杯龙种类较多，既有肉食性成员，也有植食性成员；中龙则是一些小型的水生爬行动物，其分布比较广泛，被看作是大陆漂移的证据。

始祖单弓兽是已知最早的下孔类，属于盘龙类。盘龙类散布于世界各地并多样化发展。它们体形庞大、四肢成躺卧状态、冷血，是那个时代陆地上最大的动物。大部分盘龙类在二叠纪晚期之前消失，少数幸存的类群活到了二叠纪晚期。

二叠纪早期的下孔类属于原始的盘龙类，如肉食性的异齿龙、植食性的基龙。它们的背上有巨大的帆，可能和调节体温有关。二叠纪中期的下孔类是陆地上的优势动物，数量众多。二叠纪晚期的下孔类，有的体形小如老鼠，如罗伯特兽；有的体形则非常大，如麝（shè）足兽。

下孔类是第一批演化出不同形态牙齿的四足动物。这些不同形态牙齿包括犬齿、臼齿以及门齿。早期下孔类有多块下颌骨头。随着它们的演化，这些下颌骨头缩小并逐渐移入耳内，成为中耳的骨头。

二叠纪末生物大灭绝发生时，许多早期下孔类物种消失，少数物种存活到三叠纪。现今的哺乳类就是下孔类的后代。

在二叠纪的双孔类中，空尾蜥比较特别，拥有类似现代飞蜥的皮膜，可以在空中滑翔，是爬行动物向天空发起挑战的先驱。

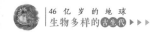

<<<<<

生物礁的繁盛

>>>>>

生物礁是海洋中最复杂多样的生态系统，它的生长、发育、消亡与海洋水化学环境等变化有着密切关系。在地质历史上，从太古宙的微生物藻礁到现代的珊瑚和珊瑚藻礁，生物礁生态系统经过了漫长的演化发展历史。

前寒武纪的生命世界以微生物为主，因而大量发育以叠层石为代表的微生物礁。显生宙生物类群频繁更替，促使后生动物礁也不断地更替与发展。

石炭纪和二叠纪主要出现钙藻—苔藓虫—海绵礁生态系统。在我国，四射珊瑚、床板珊瑚和分枝状苔藓虫等造礁生物在石炭纪早期和晚期都构建了典型的骨架礁生态系统，显示了该时期造礁群落独特的演化特征。

珊瑚藻礁

二叠纪是地球历史上重要的成礁期，海水温暖而清澈，喜欢生活在浅海的各种钙藻和海绵动物大量繁殖，死后又被藻类缠绕覆盖，一层层沉积在海底。这些不起眼的生物数量巨大，经过漫长的岁月最终形成厚厚的礁体。二叠纪的生物礁基本上分布在南北纬30°之间，与现代珊瑚礁的分布十分相似，因此它们代表了温暖气候条件下发育成长的礁。

我国二叠纪发育海绵礁生态系统，主要造礁生物为钙质海绵，藻类、床板珊瑚及苔藓虫等为次要造礁生物。二叠纪是我国生物礁发育的第二次鼎盛时期，尤其是海绵礁极其发育，一直延续到二叠纪末期。

科学课堂

四射珊瑚与床板珊瑚

四射珊瑚是古无脊椎动物，亦称"皱纹珊瑚"。它们有外壁及各种类型的横板、泡沫组织等。它们的形态分单体和群体。单体珊瑚有锥状、拖鞋状、盘状等；群体珊瑚有树枝状、星射状、互通状等。它们营底栖固着生活，出现于奥陶纪中期，灭绝于二叠纪，泥盆纪和石炭纪最为繁盛。四射珊瑚的某些种属地理分布广，延续时间短，可作为标准化石。

床板珊瑚生存于奥陶纪到二叠纪，群体外形多变化，个体一般呈圆筒状或柱状，是极其原始的珊瑚动物。

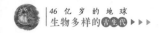

<<<<<

生物史上的最大灭绝事件

>>>>>

二叠纪是地球生物圈发生重大变革和更替的关键时期。二叠纪末,一场极具灾难性和颠覆性,也极具深远影响的生物大灭绝突然发生,造成了海洋中90%以上和陆地上75%以上的物种灭绝,地球生存环境一度退回到与前寒武纪末期类似的原始时代,经过长达一千万年的生物复苏期,直到三叠纪中期生物界才重现繁荣的面貌。

▶ 灭绝的突发性

20世纪90年代,西方学者认为二叠纪末生物大灭绝是一个漫长而渐进的过程,但我国学者通过对华南地层剖面和化石分布详细研究,提出这场大灭绝是突发式的灾变事件。科学家通过研究发现,蜓(tíng)科动物在大灭绝前夕仍处于辐射演化,还出现了一些新属。另外,一般而言,在灭绝事件中礁总是先于其他海洋生物灭绝,但在四川华蓥(yíng)山和南盘江盆地,科学家在礁灰岩上的礁帽相中仍发现了三叠纪初的标准化石,说明礁灰岩确实繁衍至二叠纪末期。这就表明，后生动物礁的消亡并非先于非礁相生物，两者的灭绝是同时的，而且是受同一古海洋异常事件的影响。这也突显了二叠纪末生物大灭绝的突然性。

四射珊瑚在二叠纪虽无辐射的迹象，却在长兴期形成了颇为壮观的珊瑚礁。这也表明在大灭绝前，华南地区一直发育有后生动物礁，形成了相当完整的生态序列。

此外，科学家通过对贵州二叠纪的礁进行研究，发现长兴期末生物礁的发育达到极盛。礁生态系统在长兴期的繁盛，证实了当时环境相对稳定，但在二叠纪末的大灭绝中，造礁生物中的后生动物和真核藻类均已消失，曾经盛极一时的礁生态系统此时只剩下以蓝藻为主的微生物礁在孤军奋战。这表明二叠纪末后生动物礁的消失与栖居地的丧失无关，与突发性的古海洋异常事件导致的礁生态系统崩溃有关。

最新的研究表明，二叠纪末生物大灭绝持续的时间相当短，只有6.1万年，是一次在全球范围内发生的突发性灾变事件。

小词典

长兴期

长兴期是二叠纪的第九个时期，在1989年作为第一个中国命名的年代地层学单位，被列入国际地质年代表。

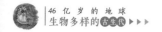
▶ 灭绝的大规模性

二叠纪末生物大灭绝与古生代前两次大灭绝的主要区别在于海洋生物不同。二叠纪末生物大灭绝不仅导致了海洋中 90% 以上的物种在这一时期消失，而且 75% 以上的陆生生物也未能摆脱灭绝的厄运，其灭绝率超过奥陶纪末大灭绝的一倍，比白垩纪末的灭绝率更是高得多。在此次大灭绝事件中，繁盛于古生代早期的三叶虫、四射珊瑚等全部消失，海百合、腕足动物、菊石、棘皮动物、苔藓虫等也遭受了严重打击。

二叠纪末的生物大灭绝对地球生态系统演变的影响也是空前的。生物礁生态系统全面崩溃，导致了自奥陶纪建立起来的由海百合—腕足动物—苔藓虫组成的海洋表生、固着底栖滤食性动物群落迅速退出历史舞台，为中生代由现代软体动物—甲壳动物—硬骨鱼构成的活动性底栖、肉食性生物群落崛起创造了条件。

在陆生生物中，不同气候带的特征植物群也在消亡。当时位于赤道地区的以大羽羊齿为代表的热带雨林植物群，在二叠纪末遭到快速的毁灭性打击；庞杂的蕨类植物大部分灭绝，仅有些草本植物遗留下来；此外，大量的昆虫也从此消失。在二叠纪最有代表性的陆生动物就是四足类的脊椎动物，但二叠纪末，63% 的四足类的科迅速灭绝。

二叠纪末生物大灭绝使陆地和海洋生态系统几乎遭受

毁灭性打击，统治海洋2亿多年的古生代演化动物群优势地位丧失殆尽，全球各生态领域十分萧条，成煤沼泽和后生动物礁长期消失。总之，当时地球表面万物凋零、毫无生机。

▶ 灭绝的"元凶"

是什么导致二叠纪末发生了生物大灭绝？目前科学界对此一直还在研究。基于各种地质学和地球化学的证据，目前认为可能导致大灭绝发生的因素有地外天体撞击、西伯利亚大规模火山喷发、大洋缺氧、海洋酸化、气候极端变暖等。

二叠纪末生物大灭绝具有突发性，表明它与重大灾变因素有关。近年来，许多证据显示二叠纪末生物大灭绝与当时大规模火山作用造成的环境剧变关系密切，其中西伯利亚大规模火山喷发可能是导致这次最大灭绝发生的主要因素。现在的西伯利亚地区曾经发生过史上最大规模的火山喷发事件，持续了大约100万年，释放出超过300万立方千米的地幔物质，冷却的岩浆覆盖面积超过700万平方千米。火山喷发释放出的火山灰遮天蔽日，笼罩了整个大气层；硫化氢气体也大量进入大气层，由此引发了一系列次生灾难，最终导致一场规模、破坏度都空前绝后的全球性生物大灭绝事件发生。

火山爆发

二叠纪末的生物大灭绝摧毁了古生代生物群，颠覆了整个古生代生态系统，以至生物界整整花了一千万年时间才从惨烈的大灭绝中恢复元气，迎来了以爬行动物为代表的一个崭新时代。

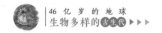
<<<<<

>>>>>

古生代的生物演化是极为波澜壮阔的。它以一场迄今还未完全被研究清楚的寒武纪生命大爆发为演化序幕，又以一场史上最大规模的二叠纪末生物大灭绝结束。在整个古生代生物演化过程中，寒武纪和奥陶纪仍以海洋生物演化为主；志留纪和泥盆纪上演了动植物先后成功登陆的演化大戏，开创了陆地生态系统的新伟业，继而出现了第一支"空军"——昆虫；石炭纪和二叠纪则是四足动物全面占领陆地，成为生物界的新霸主。

后记

地球从诞生到现在已经 46 亿岁了，科学家通过研究，将地球 46 亿年的"成长"分成了不同的时期，如前寒武纪、古生代、中生代、新生代等。在不同的时期，地球都上演了精彩纷呈的故事。而我们作为地球的一份子，理应去探索地球曾经发生的那些故事。

《46 亿岁的地球·生物多样的古生代》一书讲述了古生代（距今约 5.41 亿—2.5 亿年）地球的生命演化历史。古生代在经历了寒武纪生命大爆发的洗礼后，生物界呈现蓬勃生机。这是一个生物多样性快速发展的时期，是生物一再创造演化奇迹的时期，生物大辐射多次上演，生物大灭绝也几度重演。书中一个个让人回味无穷、富有启发的生命故事，必将使青少年读者产生心灵上的震撼，领悟生命演化的真谛，升华对地球家园的情怀。

本书展示了许多著名科学家的风采,介绍了大量重要的科学假说。无论是寒武纪生命大爆发,还是鱼类的新陈代谢、生物登陆等,都吸收了近年来涌现出的新成果,如吸纳了《动物世界的黎明(2004)》《华南早寒武世布尔吉斯页岩型化石库——清江生物群(2019)》《我们的祖先从水里来——硬骨鱼类起源与早期演化研究进展(2016)》等论著中最新的研究成果,在此向这些论著的作者表示深深的感谢。因此,这本书相较于以往的类似科普读物有了更多的时代感和科学亮点。

《46亿岁的地球·生物多样的古生代》是一本面向青少年的科普读物,图文并茂,生动有趣。本书结合青少年儿童的特点,参考了相关科学论文中的插图,如一些生物的复原图、地质历史时期气候演化示意图等,在此基础上,由专业的绘画师有针对性地进行绘制。我们对涉及的这些插图的原著者表示深深感谢。

我希望青少年读者能够仔细品读这本书,去了解我们生活的地球曾经发生的波澜壮阔的故事。